証言と検証
福島事故後の原子力

あれから変わったもの、変わらなかったもの

山崎 正勝　舘野 淳　鈴木 達治郎　編集

まえがき

　本書『証言と検証　福島事故後の原子力—あれから変わったもの、変わらなかったもの』は、原子力技術史研究会で行われた報告をもとに書き下ろされた。原子力技術史研究会は、同会編で『福島事故に至る原子力開発史』を中央大学出版部から2015年に刊行し、東京電力福島第一発電所の事故までの歴史を描いた。本書は、その後の原子力発電の歴史を振り返り、わが国の原子力発電の実相と克服すべき課題を明らかにしようとするものである。

　本書の特徴の一つは、関係当事者の「証言」にある。前著でも1988年の日米原子力協定について、その成立に尽力された故遠藤哲也氏に執筆していただいた。今回は、民主党政権時代の原子力委員長代理を務められた鈴木達治郎氏にインタビューにお応えいただくとともに、執筆と編集にも加わっていただいた。さらに、事故当時の首相であった立憲民主党最高顧問の菅直人氏にインタビューに応じていただいいた。

　民主党政権時代の原子力政策を検討することは、福島第一原発事故後の原子力政策の原点を明らかにすることにつながる。その中で、もっとも重要だったのは、原子力規制委員会の設置であった。これによって原子力委員会とは独立の国の機関が誕生した。1975年の米国の原子力規制委員会設置に遅れること、37年であった。菅元首相インタビューのタイトル「経済産業省には引っ込んでもらった」は、原子力推進とは独立の機関を作る政治的尽力を象徴している。

　民主党政権では、原発に対する国民の意向を聴取するために、国の機関としては、わが国初の討論型世論調査を実施し、2030年代「原発ゼロ」実現を掲げたが、再処理施設を抱える青森県の反発によって、再処理の継続という、それとは矛盾する政策をとることになった。鈴木元原子力委員長代理のインタビューには、その経緯が詳しく語られている。

　2つのインタビューは、最終章、第4章「＜当事者からの証言＞福島第一原発事故と民主党政権」においたが、これを最初にお読みいただくのも一つの方

法になるだろう。

　本書のもう一つのキーワードは「検証」で、現在の原子力発電問題が抱える課題を、それぞれの専門家の報告をもとに章が組み立てられている。第1章「＜きびしい現実＞12年後の事故現場と原子力行政の現状」では、まず、最近の岸田政権のGX（Green Transformation の略称。Gは環境重視のgreen、Xは trans を表す英語の短縮語）政策に至る原子力政策を振り返り、原発事故の教訓が学ばれているかを検証する。ついで福島第一原発に思わぬ高濃度汚染が存在したことを示し、今後、廃炉へ向かう中で、もっとも困難が予想される、核燃料デブリの取り出しを検討し、さらに原子力規制庁の新基準がシビアアクシデント対策として有効であるかを検証する。

　第2章「＜変えられない、変わらない＞核燃料サイクル」では、民主党政権下でも変わらなかった核燃料サイクル政策の検証を行う。巨額の資金を投じながら、20数回に及ぶ竣工時期の見直しでいまだに完成に至っていない、青森県六ヶ所村の再処理施設の問題を、その歴史を技術的に振り返るとともに、海外と国内での再処理施設の事故を通観した上で、わが国の再処理の実相を検証し、それからの撤退の方向性をも含む、その将来性を検討する。

　第3章「＜原子力に未来はあるのか＞新型炉・廃棄物・戦争」では、原発の今後の課題として、小型モジュール炉、廃棄物問題、そして最後に、ロシアによるウクライナ原発攻撃に見られる戦争と原発の問題について検証する。前著と同様に、本書の執筆者の原子力発電事業に対する見解は一様ではない。しかし、一致して、原子力に関する正確な情報を発信しようとしている。その努力が、少しでも多くの読者に伝われば幸いである。

　なお、前著は研究会の編集としたが、本書は上記のような内容と執筆者の変化と実質的な作業に従って、山崎正勝、舘野淳、鈴木達治郎の編集とした。また、児玉一八氏には、原稿の統一的な整備などにご尽力いただくことになった。末尾ながら感謝の意を表したい。

編集者を代表して　山崎正勝

証言と検証　福島事故後の原子力
あれから変わったもの、変わらなかったもの
目次

第3章 ＜原子力に未来はあるのか＞新型炉・廃棄物・戦争

第4章 ＜当事者からの証言＞福島第一原発事故と民主党政権

第 1 章

＜きびしい現実＞
12 年後の事故現場と原子力行政の現状

第1節　福島第一原発事故から GX 基本方針まで

(1) はじめに

　2011年3月に発生した東京電力福島第一原子力発電所事故（以下、福島第一原発事故）により、日本のエネルギー・原子力政策は根本的な見直しを迫られた。1956年の最初の原子力長期利用計画発表以来、日本の原子力政策は多少の修正はあっても、基本的に推進一辺倒で、核燃料サイクル政策も大きな変更もなく、進められてきた。しかし、福島第一原発事故はその政策を根本的に見直す機会を与えた。事故直後には民主党政権の下で、安全規制体制が見直されて強化されるとともに「原発ゼロ」を目指す政策を採用し、大きな転換を果たした。しかし、自民党政権になってからは「原発依存度をできる限り低減する」との表現に変化し、同時に原発を「重要なベースロード電源」と位置付けて、「原発ゼロ」は明示されなくなった。そして岸田政権になって、「GX（グリーン・トランスフォーメーション）基本方針」の中で、再び「原発の最大限活用」政策へと大きく転換することになった。このような変遷の結果、何が変わって、何が変わらなかったのか。以下、その変遷をまとめるとともに、特に最新の GX 基本方針への変換について、その合理性と正当性を検討した。

(2) 福島第一原発事故からの原子力政策の変遷

①「原発ゼロ」の採用と核燃サイクルの維持

　事故直後、民主党政権は「国民的議論」の下、原子力政策のみならず、エネルギー政策全体もゼロから見直すこととなった。まず、意思決定プロセスの大きな改革として、1) 従来の経済産業省主導のエネルギー政策から、省庁を超えた「エネルギー・環境戦略会議」を内閣府の国家戦略室に設置したこと、2) 国民的議論を進めるため、従来の審議会のメンバーに原子力に批判的な専門家も多く採用したこと、3) 政策決定プロセスに市民の声を反映させるべく、タウンミーティングや「討論型世論調査」を採用したこと、などがあげられる。

　原子力委員会においても、核燃料サイクルをゼロから見直すための議論が行われ、2030年の原子力発電比率の選択肢（20~25%、15%、0%）に応じた核燃料サイクルの選択肢（全量再処理、再処理・直接処分併存、全量直接処分）が提示

された[*1]。それまで、全量再処理一辺倒であった核燃料サイクルに、直接処分の選択肢を明示した点は画期的ではあった。しかし、その後に発表された「革新的エネルギー・環境戦略[*2]」では、国民的議論の意見を反映して「2030年代までに原発ゼロを目指す」ことが明記された一方で、核燃料サイクルについては現状維持（全量再処理）の政策が示された。この結果、米国政府から「再処理されたプルトニウムをどうするのか」といった疑問が提示され、矛盾を抱えたままの混乱した原子力政策となってしまった（第4章＜当事者からの証言＞で詳細を紹介している）。

　なお、原子力政策と関連した最大の改革として、「規制の虜（とりこ）」と呼ばれたそれまでの原子力安全規制体制を改革し、経済産業省の下にあった「原子力安全・保安院」を廃止し、新たに独立した三条機関として「原子力規制委員会」と「原子力規制庁」が環境省の外局として設置された（三条機関については第4章第1節注6を参照）。その際、新たな安全規制の一環として「原発ゼロ」政策との関連から、運転（許認可）期限を原則40年、例外的に60年に限定することも決められた。この問題は後述し、GX基本方針でも取り上げて、その合理性・正当性について検討する。

②「原発ゼロ」から「依存度低減」・「原発維持」の政策へ

　2012年末に発足した自民党政権下では、2015年に事故後初の「第4次エネルギー基本計画[*3]」が発表された。「原発ゼロ」の記述はなくなったが、福島第一原発事故の教訓を踏まえて「原発依存度を可能な限り低減する」と書かれた。一方、「（原子力発電は）エネルギー需給構造の安定性に寄与する重要なベースロード電源である」と明記して、原子力発電を一定規模維持する方針を明らかにした。2018年に発表された「第5次エネルギー基本計画[*4]」でも第4次と同様、「原子力については…可能な限り原発依存度を低減する」や「長期的なエネルギー需給構造の安定性に寄与する重要なベースロード電源である」と記述された。ただし第4次・第5次ともに、原子力発電の新設・更新には触れなかった。

　ところで、「依存度を可能な限り低減する」方針と「ベースロード電源として維持する」という政策は、理論的には矛盾するように見える。というのも、後者を実現しようとすると一定規模の原子力発電を維持する必要があり、長期的には「新設」や「更新」も考慮する必要が出てくるからだ。しかし、ここ

までは政府として「新設・更新」については明言していない。そうだとすると一定規模の維持はできないことになるから、長期的には「原発ゼロ」につながる。実際、「依存度低減に向けて」の政策は明らかにされておらず、結局現状の政策が維持されることになった。

　民主党政権の時に問題となった核燃料サイクル政策は、第4次・第5次とも「全量再処理」路線の継続を明示している。ただ、ここでも「依存度低減」を忠実に守るとすれば、プルトニウムを利用する原子炉が減っていくことになるので、「全量再処理」路線の継続も難しくなる可能性がある。これについては、放射性廃棄物処分の中に「使用済み燃料の直接処分に関する研究開発を進める」との記述があり、「全量再処理」についても検討の余地があるような計画となっていた。

　このような不確実な状況にもかかわらず、2016年には電力自由化の下で、電力会社の経営状況がどうであろうと再処理を継続させるため「再処理等拠出金法」が成立した。*5 この法律により、電力会社は「使用済み燃料が発生した時点」は経営状況の如何にかかわらず、毎年再処理費用を拠出する義務を負うことになった。この結果、資金面では「全量再処理路線」を確実に継続可能とする仕組みができたことになる。一方、再処理事業は民間事業から国の管理事業となり、認可事業者である「使用済燃料再処理機構」が新たに設立された。これによって、これまで民間事業として責任を負ってきた日本原燃（株）が、再処理機構から委託を受ける形で再処理事業を実施することになった。いずれにせよ、原子力の将来が不確実な状況下で、「全量再処理路線」だけは今まで以上に堅持される体制が整ったことになる（詳細は第2章「変えられない。変わらない核燃料サイクル」を参照）。

③「GX基本方針」と原発「最大限活用」への大転換

　2020年10月26日、菅首相（当時）は第203回臨時国会において、「2050年にカーボンニュートラル、脱炭素社会の実現を目指す」ことを宣言した。*6 さらに2021年4月には「2030年にむけて温室効果ガスを2013年度から46％削減することを目指す」と発表した。*7 この政策に基づき、2021年には経産省が「グリーン成長戦略」を発表し、そのなかで原子力産業もカーボンニュートラル達成に貢献する「成長産業」の一つとして紹介した。*8 そして、2022年末に発表され

た「GX基本方針」は、これまで曖昧にされてきた「新増設」も明記し、「原子力を最大限に活用する」として、福島第一原発事故以降の原子力政策から大きな転換を示すものとなった。

　GX基本方針の目的は、「2030年度の温室効果ガス46％削減や2050年カーボンニュートラルの国際公約の達成を目指すとともに、安定的で安価なエネルギー供給につながるエネルギー需給構造の転換の実現、さらには、わが国の産業構造・社会構造を変革する」とされている。また、カーボンニュートラルだけでなく、「ロシアのウクライナ侵攻によるエネルギー危機」がその背景として含まれている点も重要である。というのも、短期的な電力危機、エネルギー価格高騰への対応を、原発政策転換の理由の一つとして挙げることで、世論の支持が得られやすいと考えられるからだ。事実、2023年2月の朝日新聞世論調査によると、原発再稼働に賛成が51％となり、福島第一原発事故後では初めて賛否が逆転した。前年の同調査では賛成が38％、反対が47％だった。また光熱費などの上昇により、「負担を感じる」と答えた人が81％までのぼった。^{*9}

　このような背景を踏まえて、GX基本方針では「原子力を最大限活用する」との政策の下、以下のような新たな政策を導入した。

　1) 運転期間（40、60年の許認可期限）を一定の停止期間に限り追加的に延長
　2) 次世代革新炉の開発・建設とそれに必要な事業環境整備
　3) 廃炉・放射性廃棄物処分の体制強化

　「エネルギー基本計画」に明記されていた「原子力への依存度をできる限り低減する」については、変更がないと政府は説明しているが、1)と2)の政策、特に2)の新規原発の開発・建設を考えれば、従来の「依存度低減」政策からの大きな転換を示唆するものと考えてよいだろう。いってみれば、福島第一原発事故以前の原子力政策に戻ったかのような内容となっている。

　このような政策の大転換にもかかわらず、福島第一原発事故直後の「国民的議論」のようなプロセスは経ておらず、十分な議論がなされた形跡がない。^{*10}

　そして、その政策を具体化すべく国会に提出された「脱炭素電源法」は、いくつかの法案を束ねた、いわゆる「束ね法案」となっていた。原子力についていえば、以下の4法案改正が含まれる。

1) **原子力基本法** 原子力平和利用の憲法ともいえる重要な法律。今回の改正では、温暖化対策としての位置づけを明記、さらにGX基本方針で書かれている原子力の支援政策を「国の責務」として追加している
2) **電気事業法** 安全規制の一部である「運転（許認可期限）期間」の40年、60年を超えて、通常の理由以外での停止期間分を延長して運転可能とするように改正
3) **原子炉等規制法（炉規法）** 上記の運転期間に関する規制の変更
4) **再処理等拠出金法（再処理法）** 廃炉措置に関する費用も再処理と同様拠出金制度にし、再処理機構に廃止事業も合わせることとした改正

4つの法案を束ねて出すこと自体、非常に複雑でわかりにくい法案となっており、また個々の法案を別々に審議することも難しくなっていた。その結果、大きな修正もなく、束ね法案は5月23日に成立した。

（3）GX基本方針の合理性を問う

① 運転期間延長問題：科学的根拠・プロセス正当性の欠如

最初に今回の「原発最大限活用」の目玉ともいえる、「運転期間延長」政策について考えてみる。福島第一原発事故後に改正された原子炉等規制法（炉規法）の下では、原子炉の許認可期限（運転期間）は運転開始から40年を上限とすることが原則となっており、例外的に60年までの延長が認められている。この規制には、脱原発を促進するというエネルギー政策からの視点も反映されていた。そのうえで、「40年」という許認可期限については、機器の劣化などを考慮した科学的根拠も説明されていた。[11]

これに対して今回の政策は、許認可期限を超えて「通常の停止期間以外で安全審査や地元合意などで長期に運転停止されている期間」の運転延長を認める、という原発利用拡大政策である。実は過去にも、同様の要望が電気事業者からあった。この要望に関し、原子力規制委員会は2020年7月、「運転期間に長期停止期間を含めるべきか否かについて、科学的・技術的に一意の結論を得ることは困難であり、劣化が進展していないとして除外できる特定の期間を定量的に決めることはできない」として、電気事業者の要請を断っているのだ。[12]

2020年7月の見解に「科学的」に従うのであれば、運転期間の延長にかかわる規制変更は科学的根拠がないということになる。

　実は同じ見解文の中に、「発電用原子炉施設の利用をどのくらいの期間認めることとするかは、原子力の利用の在り方に関する政策判断にほかならず、原子力規制委員会が意見を述べるべき事柄ではない」とも述べられており、こちらの文章が引用されて、今回の運転期間延長に対し、規制委員会は立場を留保していた。ただ、科学的根拠から言えば、経産省の要請を断ることができた。しかし結局、規制委員会はこの改正を受け入れ、老朽化に伴う判断を下すための新たな規制手順を定めることになった。

　さらに、本政策が公式に発表される前から、この政策変更により炉規法をどのように改正すればよいかについて経産省と規制庁で検討を始めていたことが明らかになった。*13 これ自体、原子力規制委員会の「独立性」に疑いが生じるレベルの深刻な事態といえる。

　法改正の面からも課題が多い。そもそも炉規法の改正であることを考えれば、当然のことながら規制委員会が審議して、改正案を立案すべき問題である。しかし、利用政策の立場からとはいえ、電気事業法を改正して、この部分（運転期間延長）については経産大臣の管轄として、拙速に法案改正にまで進めたことは、政策決定プロセスとしても正当性に欠けるといえる。そもそも2023年現在、40年を超えて運転許可を得ている原子炉は4基あるが、もっとも古い原子炉は関西電力の高浜1号で1974年運転開始だから、現60年の運転期限を迎える時期はまだ10年以上も先だ。近々のエネルギー情勢に影響を与えるものでもないので、あわてて法改正をする合理性はない。

② 次世代革新炉への支援は合理性があるか

　次に重要な政策が、「次世代革新炉」と呼ばれる新型炉の「新設（更新）」である。通常、電気事業者は原発運転期間を延長するかどうかは、発電所の経済性・安全性を考慮して決断する。一般には、既存原発を運転延長したほうが新設よりも経済性があると考えられるので、前項のように炉規法が改正されれば、60年以上も運転を延長する方が合理的と考えられる。一方で政府の述べているように、「次世代革新炉」の方が安全性の面でも経済性の面でも優れているのであれば、運転延長は合理的な判断ではなくなる。したがって「運転延

長」と「新設（更新）」は、そもそも矛盾する政策なのである。

　さらに、経産省は2030年の新設を想定した場合、すでに2021年の時点で「原発は最も安い電源とは限らない」と明らかにしている。[*14] 革新炉の中でも最も注目を浴びている小型モジュール炉（SMR）については、いくつかのプロジェクトが実際に進められているが、その経済性も気候変動対策への効果も、決して楽観を許すようなものではない。[*15] そもそも、再生可能エネルギーのコストが急速に低下していることを考えれば、法改正の必要性そのものが説得力をもたない。

　逆にいえば、原発の運転延長や新設に経済的合理性があるのだとすれば、法改正で述べられている「事業環境整備」（原発支援政策）は必要ないことになる。もし、事業環境整備の必要性を電気事業や経産省が主張しているのだとすれば、原発の維持・拡大は経済性合理性がないことになる。

③ 原子力基本法改正は将来世代への負の遺産となりうる

　このように将来の原発の必要性、合理性は自明ではない。そういった中で、今回の法改正で最も非合理と思われるのが「原子力基本法」の改正だ。原子力基本法は、1955年に成立したいわば原子力の憲法ともいえる法律であり、第2条の基本方針において「自主・民主・公開」の3原則と平和利用担保を規定している、非常に重要な基本法だ。1956年の原子力白書には「この法律自体が国民の権利義務を直接規制するごとき実体法としての効力を有するものではない…詳細は別に法律で定めるところによる」としており、規制や政策を書き込むことは考慮されていなかった。[*16] ところが今回、第1条の目的に「地球温暖化防止」を書き込み、第2条の基本方針に「運転期間延長」や「新設（更新）」のための「事業環境整備」を行うこと、「原子力産業基盤の維持・強化」等が「国の責務」であることを追加する改正案となっている。これは基本法の精神に合致するものではなく、むしろ弊害をもたらす可能性があると思われる。

　基本法に書き込むことの意味は、今後原子力政策の基本方針として、原子力の将来がどう変わろうと「事業環境整備」が国の責務として位置付けられる、ということだ。上記に述べたように、事業環境整備の必要性・合理性は現時点でも根拠があいまいであるし、ましてや将来の原発維持・拡大の合理性・必要

性についてはもっと不透明だ。それにもかかわらず基本法に書き込むことで、かえって政策の柔軟性を欠くことになり、国民にとって不必要なコスト負担をもたらす可能性がある。

（4）おわりに

　以上、福島第一原発事故以降のエネルギー・原子力政策の変遷、そして岸田政権下の「GX 基本方針」による「原発回帰」政策を検証してきた。民主党政権下では、ゼロからの見直しを実施し、より民主的なプロセスで「原発ゼロ」を目指す政策を打ち出したが、核燃料サイクル政策については維持するという矛盾のある政策となってしまった。その後、「原発ゼロ」から「依存度をできるだけ低減」する政策となったが、「ベースロード電源として維持する」という、やはり矛盾を抱えた政策が続いた。そして「GX 基本方針」で、ついに福島第一原発事故以前の原子力政策、すなわち「原発の最大限の利用」という政策に大きく転換した。しかし、そのプロセスで国民的議論はなく、その中身についても合理性がないことが明らかになった。

　果たして、日本の原子力政策は福島第一原発事故を経て「変わった」といえるのだろうか。残念ながら、再び事故以前の政策に戻ってしまった、というのが本節の結論である。

参考文献と注

＊1　原子力委員会決定、核燃料サイクル政策の選択肢について、2012年6月21日. http://www.aec.go.jp/jicst/NC/about/kettei/kettei120621_2.pdf、2023年6月20日閲覧.

＊2　エネルギー・環境会議、革新的エネルギー・環境戦略、2012年9月14日. https://www.cas.go.jp/jp/seisaku/npu/policy09/pdf/20120914/20120914_1.pdf、2023年6月20日閲覧.

＊3　経済産業省、エネルギー基本計画、2014年4月. https://www.enecho.meti.go.jp/category/others/basic_plan/pdf/140411.pdf、2023年6月20日閲覧.

＊4　経済産業省、エネルギー基本計画、2018年7月. https://www.enecho.meti.go.jp/category/others/basic_plan/pdf/180703.pdf、2023

年6月20日閲覧.

＊5　百瀬孝文（経済産業委員会調査室）、再処理等拠出金法の成立と核燃料サイクルについて、**立法と調査**、第379巻、131-146頁 (2016).

https://www.sangiin.go.jp/japanese/annai/chousa/rippou_chousa/backnumber/2016pdf/20160801131.pdf、2023年6月20日閲覧.

＊6　環境ビジネス、菅首相「2050年までに温室効果ガス実質ゼロ」を宣言、2020年10月26日.

https://www.kankyo-business.jp/news/026409.php、2023年6月20日閲覧.

＊7　NHK政治マガジン、2030年温室効果ガス目標、2013年度比46％削減を、2021年4月21日.

https://www.nhk.or.jp/politics/articles/statement/58895.html、2023年6月20日閲覧.

＊8　経済産業省、2050年カーボンニュートラルに伴うグリーン成長戦略、2021年9月.

https://www.meti.go.jp/policy/energy_environment/global_warming/ggs/index.html、2023年6月20日閲覧.

＊9　朝日新聞、原発再稼働、賛成51％　震災後初めて賛否が逆転　朝日新聞世論調査、2023年2月20日.

https://digital.asahi.com/articles/ASR2M7V76R2MUZPS003.html、2023年6月20日閲覧.

＊10　中国新聞社説、原発政策の転換、熟議なき決定、許されぬ、2022年12月29日.

https://www.chugoku-np.co.jp/articles/-/254938、2023年6月20日閲覧.

＊11　縄田康光（経済産業委員会調査室）、原発の「40年ルール」とその課題―廃炉と運転期間延長の選別が進む―、**立法と調査**、第381巻、55-66頁 (2016).

https://www.sangiin.go.jp/japanese/annai/chousa/rippou_chousa/backnumber/2016pdf/20161003055.pdf、2023年6月20日閲覧.

＊12　原子力規制委員会、運転期間延長認可の審査と長期停止期間中の発電用原子炉施設の経年劣化との関係に関する見解、2020年7月29日.

https://www.nra.go.jp/data/000323916.pdf、2023年6月20日閲覧.

＊13　岩井淳哉、経産省との非公開面談、原子力規制庁で割れる評価、日本経済新

聞、2023年1月15日.

https://www.nikkei.com/article/DGXZQOUA069OJ0W3A100C2000000/、2023年
6月20日閲覧.

＊14　資源エネルギー庁、発電コスト検証について、2021年8月4日.

https://www.enecho.meti.go.jp/committee/council/basic_policy_
subcommittee/2021/048/048_004.pdf、2023年6月20日閲覧.

この報告では、原発は11.5円/kWhかそれ以上であるのに対し、太陽光（事業用）
は8.2~11.8円/kWh、太陽光（住宅）が8.2~14.9円/kWh、陸上風力も9.9~17.2円
/kWhと、再生可能エネルギーのほうが安くなることを認めた。

＊15　Makhijani A. and Ramana M. V., Can small modular reactors help
mitigate climate change?, **Bulletin of Atomic Scientists**, July 21, 2021.
https://thebulletin.org/premium/2021-07/can-small-modular-reactors-help-
mitigate-climate-change/#post-heading、2023年6月20日閲覧.

＊16　原子力委員会、原子力白書　昭和31年版、1957年12月.

http://www.aec.go.jp/jicst/NC/about/hakusho/wp1956/index.htm、2023年6月20
日閲覧.

第2節　福島第一原発のシールドプラグの高放射能汚染

(1) 事故分析検討会の中間取りまとめ

　福島第一原発事故から本節執筆時点で12年半経った。事故現場の環境改善と廃炉作業の進捗により原子炉建屋内部へのアクセス性が向上し、施設の状態確認や試料採取が可能な範囲が着実に増えている。こうした状況を踏まえ、2019年9月に原子力規制委員会の下に「東京電力福島第一原子力発電所における事故の分析に係る検討会」(以下、事故分析検討会) が置かれ、現地調査の実施とその結果、福島第一原発事故時の記録等の分析と検討が行なわれている。事故分析検討会は2023年6月までに計38回開催され、第7回以降の会議資料、議事録、会議映像 (YouTube) は原子力規制委員会のホームページで閲覧・視聴できる。また、これまでに2つの「中間取りまとめ」が同検討会により公表されている。2019年9月〜2021年3月の技術的内容の検討結果を取りまとめた2021年3月5日公表の「2021年版」と、「2021年版」以降2022年12月までの検討結果を取りまとめた2023年3月7日公表の「2023年版」である。

　2つの「中間とりまとめ」の中で分析・検討された内容は多岐にわたっており、しかもその名称から明らかなように未だ最終的な取りまとめに至っているわけではない。紙幅の制約から本節では、「中間取りまとめ」の中で特筆すべきシールドプラグの高放射能汚染に焦点をあてて紹介する。

(2) シールドプラグとは？

　シールドプラグはウェルプラグまたはウェルカバーとも呼ばれ、格納容器上部の原子炉ウェルの開口部にある遮蔽用の上蓋のことである (図1-1)。

　原子炉建屋は地上5階、地下1階の鉄筋コンクリート造りの建物で、シールドプラグは原子炉建屋最上階の5階オペフロ (オペレーションフロアの略で、定期検査時にはここで燃料交換作業などが行なわれる) の床面に位置する。

　BWR-3 (旧型BWR) タイプの1号機原子炉建屋の高さは約49メートル (m) あり、シールドプラグは地上約40mのところにある。BWR-4タイプの2号機原子炉建屋の高さは約62mあり、シールドプラグは地上約50mのところにあ

る。3～5号機も2号機と同じBWR-4タイプであり、主要寸法は2号機とほぼ同じである。

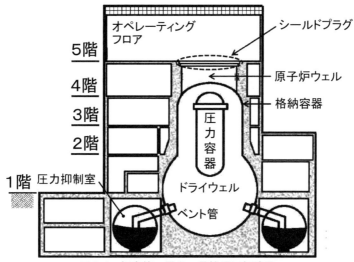

図1-1　福島第一原発2号機原子炉建屋

出典：原子力規制委員会、東京電力福島第一原子力発電所における事故の分析に係る検討会（第10回）資料3、31頁（2020）の図を一部改変.

　シールドプラグの詳細を図1-2に示した。シールドプラグは一番上に位置する上層（頂部カバー）、中間に位置する中間層（中間カバー）、一番下に位置する下層（底部カバー）の3層からなる。上層→中間層→下層になるにつれて直径は徐々に小さくなるが、大雑把にいえば各層は直径約12m、厚さ約60センチメートル（cm）、重さは160～170トン（t）あり、それぞれ3つのパーツからできている。各パーツの重さは45～60t ある。

　原子炉ウェルの開口部は、定期検査中は水張りにより格納容器や圧力容器からの放射線を遮蔽している。一方、運転中は水張りしないため、遮蔽されない状態となる。このため原子炉ウェルの開口部に鉄筋コンクリート製の上蓋を3枚重ねて遮蔽しているのである。上層と中間層の間、中間層と下層の間には約1cmの隙間があり、また各パーツの継ぎ目の間にも約1cmの隙間がある。

　東京電力はかなり早い段階でシールドプラグの高放射能汚染に気づいていたが、本格的な調査・検討が行なわれたのは事故分析検討会が活動を始めてから以降のことである。

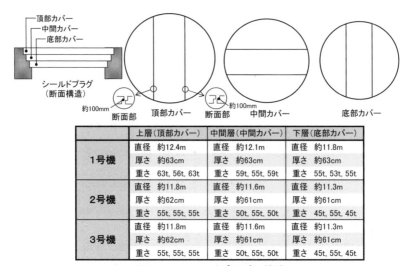

	上層(頂部カバー)	中間層(中間カバー)	下層(底部カバー)
1号機	直径　約12.4m	直径　約12.1m	直径　約11.8m
	厚さ　約63cm	厚さ　約63cm	厚さ　約63cm
	重さ　63t, 56t, 63t	重さ　59t, 55t, 59t	重さ　55t, 53t, 55t
2号機	直径　約11.8m	直径　約11.6m	直径　約11.3m
	厚さ　約62cm	厚さ　約61cm	厚さ　約61cm
	重さ　55t, 55t, 55t	重さ　50t, 55t, 50t	重さ　45t, 55t, 45t
3号機	直径　約11.8m	直径　約11.6m	直径　約11.3m
	厚さ　約62cm	厚さ　約61cm	厚さ　約61cm
	重さ　55t, 55t, 55t	重さ　50t, 55t, 50t	重さ　45t, 55t, 45t

図1-2　シールドプラグの構造

出典：原子力規制委員会、東京電力福島第一原子力発電所における事故の分析に係る検討会（第14回）資料5-1、3頁 (2020) の図を一部改変

（3）シールドプラグの放射能汚染の評価方法の概要

　福島第一原発事故において環境に漏れ出たガンマ線放出核種の中で現在も測定できるのは、セシウム-137（半減期30.08年）、セシウム-134（同2.065年）、アンチモン-125（同2.759年）の3核種にほぼ限定される。このうち放射能が圧倒的に強いのはセシウム-137である。たとえば事故後10年経った2021年3月時点におけるセシウム-134の放射能は、セシウム-137の約4.4％に過ぎない。アンチモン-125に至っては、これよりさらに弱くなる。事故後12年半経った2023年9月時点におけるセシウム-134の放射能はセシウム-137の約2.0％である。それゆえ、中間取りまとめでもセシウム-134とアンチモン-125を考慮してはいるが、ほぼセシウム-137を中心に述べている。

　シールドプラグの放射能汚染の評価の概要を簡単に紹介する。

　2号機と3号機ではシールドプラグ上層上面からセシウム-137の線量率測定を行なう。この線量率にはシールドプラグ以外の周辺汚染環境に由来する線量率も含まれるため、その寄与分を推定して差し引き、シールドプラグ自体に由来する線量率を求める。とはいえ「言うは易く行なうは難し」で、そもそも

シールドプラグ上層上面の線量率と周辺汚染環境の線量率はともに場所によりかなり異なるため、実際に実行するとなるとなかなか容易ではない。

　シールドプラグに由来する線量率は、上層と中間層の間に沈着するセシウム-137によるものであると仮定する。当然、中間層と下層の間や下層下面にもセシウム-137は沈着すると予想されるが、厚さ60 cmのコンクリートを透過すると、セシウム-137のガンマ線の線量率は約500分の1（1/500）に減少する[*1]。中間層と下層の間に沈着するセシウム-137のガンマ線が中間層と上層の2枚のシールドプラグを透過すると、シールドプラグ上層上面での線量率は約25万分の1（1/500 × 1/500 = 1/250,000）に減少する。下層下面に沈着するセシウム-137のガンマ線が3枚のシールドプラグを透過すると、シールドプラグ上層上面での線量率は約1億2500万分の1（1/500 × 1/500 × 1/500 = 1/125,000,000）に減少する。それ故、シールドプラグ上層上面における線量率に寄与するセシウム-137は通常、上層と中間層の間に沈着するものに限られると仮定できるのである（図1-3）[*2]。

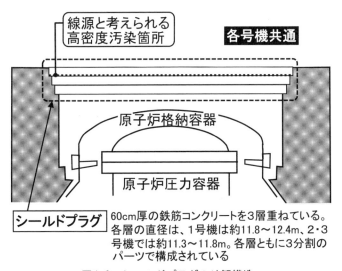

図1-3　シールドプラグの外観構造

出典：原子力規制委員会、東京電力福島第一原子力発電所における事故の分析に係る検討会、東京電力福島第一原子力発電所事故の調査・分析に係る中間取りまとめ－2019年9月から2021年3月までの検討－、167頁 (2021) の図を一部改変.

次に、シールドプラグ上層上面におけるセシウム-137の線量率測定の結果に基づいて上層と中間層の間に沈着するセシウム-137の汚染密度（ベクレル毎平方センチメートル、Bq/㎠）を推定する。推定方法としては電磁カスケードモンテカルロコード「egs5」による計算結果などが利用されているが、専門的に過ぎるのと筆者も熟知していないため、紹介は省略する。関心のある読者は、「2021年版」と「2023年版」の関連箇所と関連参考文献をお読みいただきたい。

　上層と中間層の間に沈着するセシウム-137の汚染密度が分かれば、セシウム-137が上層と中間層の間全体に均等分布すると仮定することにより、沈着するセシウム-137量（ベクレル、Bq）は求められる。もちろんセシウム-137が均等分布している保証はないが、さりとて不均等分布についての正確な線源情報があるわけではないため、大雑把であることを承知の上でとりあえずこのように仮定するのである。

　1号機は、少し事情が異なる。シールドプラグが何らかの理由により3層ともに正規の位置から大きくずれているからである。上層では歪み（変形）が生じていることも確認されている。1号機では、2011年3月12日15時36分に原子炉建屋で水素爆発が起こっている。シールドプラグの歪みの形状は、明らかに上方から下方に向かって大きな力を受けたことを示唆している。それゆえ、原子炉建屋の水素爆発時にシールドプラグの歪みやずれが生じた可能性が高いと考えられている。

　東京電力は2019年9月、ずれにより生じた上層と中間層の隙間から放射線検出器を挿入して線量率測定を行なった結果、線量率はシールドプラグの端の部分が相対的に低く、中心に行くほど高くなるとの結果を得ている[*3]。中心の測定値ほど周辺からの線量率の寄与を受けることから、この結果は上層と中間層の間に沈着するセシウム-137がほぼ均等分布していることを示唆するものである[*3]。いずれにせよ汚染密度が求められれば、上層と中間層の間に沈着するセシウム-137の算出方法は、2号機や3号機の場合と変わりはない。

（4）シールドプラグの高放射能汚染

① シールドプラグの放射能汚染の評価結果

　炉心溶融した燃料中のセシウム-137は蒸気となり、1～3号機ともに、圧力容器→格納容器→格納容器トップヘッドフランジ→原子炉ウェル→シールドプラ

グ→5階オペフロに至る経路を通って放出された。シールドプラグ通過時には、シールドプラグ各層各パーツの継ぎ目部分がセシウム-137の移動経路になったと考えられている。実際、上層上面における線量率は、上層の継ぎ目部分と中間層の継ぎ目部分で最も高い線量率を示している。

　1号機については、東京電力が2017年2月に行なったシールドプラグの上層と中間層の間の線量率測定の結果に基づいて事故分析検討会の調査チームが評価を行なった結果、シールドプラグの上層と中間層の間に沈着するセシウム-137量は約0.1~0.2PBq（Pはペタと呼び、10^{15}を表わす単位の接頭語である。1PBq = 1000兆ベクレル）との結論を得た[*4]。「東京電力の測定データに基づく範囲で、この結果は妥当なものと判断する」と「2021年版」は述べている[*4]。

　2号機については、原子炉建屋の水素爆発により5階天井・柱・壁などが大規模に破損した1号機や3号機と異なり、原子炉建屋は幸いにもブローアウトパネルの脱落程度で済んでいる。しかし、結果としてこれが災いして5階オペフロの線量率は非常に高い状況にあり、シールドプラグに由来する線量率の推定を難しくしている。2018年11月にシールドプラグ上層上面の高さ1.5mに放射線検出器を固定して行なった線量率測定の結果に基づいて、事故分析検討会の調査チームは上層と中間層の間に沈着するセシウム-137量を70PBqと結論した[*4]。「2021年版」は「不確実性を多く含む手法を採用せざるを得なかったことから、70という数値自体にはかなりの不確実性があるものの、数十PBqのCs-137（注：Csはセシウム）が存在していることは妥当な評価である」と述べている[*4]。

　また、「その後、東京電力から過去の測定（2018年11月）に使用された測定器に関する情報が提供され、当該情報も併せて当該測定結果を分析した結果、…Cs-137は20~40PBq程度となり、数十PBqという前述の結論を補強するものとなった」と述べている[*4]。ここでいう2018年11月に東京電力が行なった過去の測定とは、図1-4に示したように、シールドプラグ上層の上面高さ30.5 cmに放射線検出器を固定して行なった測定結果を指している。遮蔽材の鉛の厚さが薄いとはいえ、曲がりなりにもエネルギースペクトルの測定結果に基づいて評価しているため、70PBqよりは20~40PBqの方が信頼性は高いと考えられている。

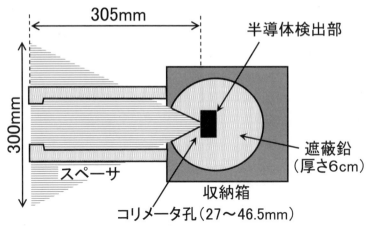

図1-4　2号機シールドプラグ汚染調査で使用されたガンマ線スペクトル測定系
注：図1-5の測定系と比較すると、鉛の厚さが6cmと薄い。左側部分をシールドプラグ上層の上面に置き、床面30.5cmの高さから上層と中間層の間に沈着するセシウム-137のガンマ線を測定する

　3号機については、2015年11月に東京電力等の協力を得て原子力規制庁が実施したガンマ線スペクトルの測定結果に基づいて事故分析検討会の調査チームが評価を行なった結果、シールドプラグ上層と中間層の間に沈着するセシウム-137量は30PBq程度との結論を得た。[*4]

　図1-5に示したように、3号機シールドプラグの調査では、十分な遮蔽付きのガンマ線用放射線検出器（遮蔽材込みで重さ約300キログラム（kg）、放射線検出器はシールドプラグ上層上面の高さ0.5mに固定）により測定したエネルギースペクトルの測定結果に基づき、シールドプラグ上層と中間層の間に沈着するセシウム-137量を推定した。

　この場合、周辺汚染環境に由来するガンマ線は遮断され、シールドプラグ上層と中間層の間に沈着するセシウム-137のガンマ線（下方から放射線検出器に入射するものに限られる）が測定される。一方、2号機シールドプラグの汚染調査では、種々の事情により3号機のような測定ができなかった。そのため、上層と中間層の間に沈着するセシウム-137量の推定値の信頼性は、3号機の場合より低いと考えられる。3号機のような測定が2号機オペフロでできなかった理由は、①原子炉建屋が残っていたため、外部からクレーン等を用いた遮蔽付きの放射線検出器の持ち込みが難しかったこと、②除染を行なっているとはい

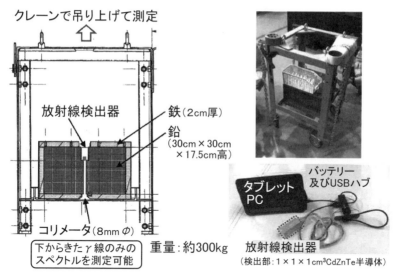

図1-5　3号機シールドプラグ汚染調査で使用されたガンマ線スペクトル測定系
注：30cm×30cm×17.5cmの鉛で放射線検出器を遮蔽し、下方からきたガンマ線のみの
スペクトル測定ができる

え、オペフロの線量が非常に高く、利用可能な放射線検出器や遮蔽材では測定ができなかったこと、などが第12回事故分析検討会で報告されている。[*5]

② 環境に放出されたセシウム-137との関係

2号機と3号機のシールドプラグ上層と中間層の間に計約50~70 PBq（2号機で20~40 PBq、3号機で30 PBq）のセシウム-137が存在するとすれば、福島第一原発事故で大気中に放出されたセシウム-137量（約15 PBq[*6]）が1986年4月のチェルノブイリ原発事故時に大気中に放出されたセシウム-137量（約85PBq[*7]）と比較して少なかったことを理解する上で大きな意味をもつと考えられると「2021年版」は述べている。[*8]シールドプラグに数十PBqものセシウム-137が沈着した結果、大気放出量が少なくなったのは不幸中の幸いだったかもしれない。

しかし、そもそも炉型が異なり、かつ水蒸気爆発によりチャンネル型炉心が粉々に吹き飛んだチェルノブイリ原発事故と炉心溶融した福島第一事故とをセシウム-137の大気放出量で比較しても、あまり意味のあるものにはならない

のではないか。また、「2021年版」は、2011年3月時点での福島第一原発1~3号機におけるセシウム-137量の炉内インベントリ（蓄積量）は計約700PBq[*9]、このうち溶融燃料から滞留水に溶け込んで汚染水側に移行したものが約430PBq[*10]、と評価されているという。

$$700-(430+15)=255\ [PBq]$$

　上式から明らかなように、1~3号機の原子炉建屋内に255 PBqのセシウム-137量が留まっている勘定になる。1~3号機の圧力容器底部から漏れ出た燃料デブリ中のセシウム-137量と圧力容器内に留まっている燃料デブリ中のセシウム-137量の合計は不明であるが、原子炉建屋内に残存するセシウム-137量のうち約20~27%がシールドプラグ上層と中間層の間に存在するとの「2021年版」の結論は、筆者にとって何とも衝撃的であった。「衝撃的」などという言葉は事故分析検討会としては容易に言えないだろうが、「2021年版」もシールドプラグの高放射能汚染について、「安全面及び廃炉作業面においても非常に重要な意味を持つとともに、調査チームとしても意外なものであった」（傍点は筆者）と、その驚きを控えめに表現している[*11]。「2021年版」はシールドプラグ中間層と下層の間および下層の下面に沈着するセシウム-137量を把握することの重要性について指摘している。

　また、「2021年版」は、1号機のシールドプラグ上層と中間層の間に沈着するセシウム-137量が2号機や3号機のそれと比較すると桁違いに少ない点についても触れている。1号機のシールドプラグが正規の位置からずれていることにより雨水がシールドプラグ上層の下面に流れ込み、沈着していたセシウム-137を洗い流したのではないかという意見があるという[*12]。一方で、①1号機シールドプラグ上層の上には、3月12日の水素爆発により破損した原子炉建屋の屋根が落下してシールドプラグを覆っていること、②コンクリートに付着したセシウム-137は容易に水に溶ける化学形態ではなくなる可能性が高いことなどから、雨水による洗浄効果を疑問視する意見もあるという[*12]。「2021年版」は、「雨水による影響は、完全に否定できるものではないが、号機間Cs付着量に2桁程度の大きな差が生じている原因とすることは困難である」と述べている[*12]。この問題は依然未解明の問題として残っているといってよい。

③「2023年版」による新たな知見

「2021年版」では、シールドプラグ上層と中間層の間に沈着するセシウム-137量は、①1号機については2号機や3号機と比較すると100分の1以下の約0.1~0.2PBq、②2号機については1.5mの高さ（コリメータなしのガンマ線線量計）における測定結果から約70PBq、30.5cmの高さ（コリメータ付きガンマ線線量計）における測定結果から20~40PBq、③3号機については信頼性の高い測定方法を利用できたことにより約30PBq、との結論を得た。

これに関連して「2023年版」でどのような知見が新たに付け加えられたのか。

まず、2号機シールドプラグ上層のコンクリート内の鉄筋配置が把握できたため、シールドプラグの正確な厚さや鉄筋を加味したコンクリートの密度などの計算に用いるパラメータを最新情報に更新することにより、1.5mの高さにおける測定結果からは約84PBq[13]という結果を得た。「2021年版」の約70PBqより2割増となった。また、30.5cmの高さにおける測定結果からは約62PBqに相当する結果を得た。「2021年版」の20~40PBq[13]（平均約30PBq）より約2倍高い値となった。3号機シールドプラグ上層のコンクリート内の鉄筋配置が2号機と同じであると仮定して測定結果を再検討した結果、約63PBqとの結果を得た[14]。「2021年版」の約30 PBqより2倍も高い値となった。1号機については新たな再評価は行なわれていない。

「2023年版」の再評価結果を前提にすると、1~3号機の原子炉建屋内に存在する255 PBqのセシウム-137量の5~6割がシールドプラグ上層と中間層の間に沈着していることになる。にわかには信じがたい結果であるというのが、いまの筆者の率直な感想である。

次に、2021年5~6月に東京電力が行なった、原子炉キャビティ差圧調整ラインを用いて2号機シールドプラグ下部の原子炉ウェル内の調査結果について述べる（図1-6）。

図1-6　2号機原子炉ウェルおよび原子炉キャビティ差圧調整ラインの概要図
出典：原子力規制委員会、東京電力福島第一原子力発電所における事故の分析に係る検討会、東京電力福島第一原子力発電所事故の調査・分析に係る中間取りまとめ（2023年版）、116頁 (2023) の図を一部改変

　原子炉キャビティ差圧調整ラインは、運転中に原子炉キャビティ（原子炉ウェル）とオペフロとの差圧を調整するラインで、空気作動弁を経て原子炉建屋換気空調系の排気ダクトに接続されている。このラインを通じて放射線測定器を原子炉ウェル内に導入し、線量率の測定を行なった。この調査はシールドプラグ内における多量のセシウム-137汚染の存在の検証を目的にしたものである。

　2号機原子炉ウェル内の調査の結果、図1-7に示したように、原子炉ウェル内の線量率はシールドプラグ下層下面近くで約75ミリシーベルト毎時（mSv/h）であり、下方のトップヘッドフランジに向けて概ね高くなり、トップヘッドフランジ近くで約530mSv/hであった。

　放射線源はシールドプラグ上層上面の線量率に影響を与えることはなく、加えてシールドプラグ上層上面における汚染密度は周囲と大差ない。したがって、シールドプラグ上層上面における線量率の高さの原因となっている放射線源が、原子炉ウェル内に存在するとの考えは完全に否定された。3層構造のシールドプラグのいずれかの領域（上層と中間層の間、中間層と下層の間、および各層各パーツの継ぎ目の間）にセシウム-137が多量に存在していることは確実

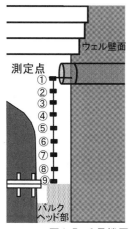

測定点	距離(cm)	線量率(mSv/h)
①	0	74.6
②	50	150
③	100	330
④	150	300
⑤	200	310
⑥	250	380
⑦	300	440
⑧	350	530
⑨	400	350

図1-7　2号機原子炉ウェル調査結果（線量率測定結果）
出典：原子力規制委員会、東京電力福島第一原子力発電所における事故の分析に係る検討会、東京電力福島第一原子力発電所事故の調査・分析に係る中間取りまとめ（2023年版）、118頁 (2023) の図を一部改変

となった。[*15]

（5）おわりに —— シールドプラグ等の高放射能汚染の意味するもの

本節を終えるにあたり、いくつか感想を述べる。

1) 福島県内の環境汚染と農水産物の汚染状況はこれまでの12年間半にわたる実測データに基づくものである。今回シールドプラグの高放射能汚染が確実になったとはいえ、これが福島県内の環境汚染や農産物の汚染状況、福島県民の被曝線量の評価に見直しを迫ることはない。

2) 引き続き、中間層（中間カバー）と下層（底部カバー）の間、継ぎ目の間に沈着する放射性セシウムの汚染調査が必要である。

3) 廃炉工程は見直しを迫られるのは必至である。燃料デブリを取り出す前に、地上約50mにあるセシウム-137を飛散させることなくシールドプラグを撤去することを検討せざるを得ないのではないか。

4) 使用済み燃料プールからの燃料取り出しは、少し時間はかかったが3号機で無事に完了している。1号機、2号機についても少し時間はかかるか

もしれないが、シールドプラグの高放射能汚染が燃料プールからの燃料取り出しの大きな障害になることはないのではないか。

参考文献

＊1　公益社団法人日本アイソトープ協会、アイソトープ手帳12版、182頁 (2020).

＊2　原子力規制委員会、東京電力福島第一原子力発電所における事故の分析に係る検討会、東京電力福島第一原子力発電所事故の調査・分析に係る中間取りまとめ—2019年9月から2021年3月までの検討—、167頁 (2021) の図を一部改変.

＊3　原子力規制委員会、前掲書、172頁 (2021).

＊4　原子力規制委員会、前掲書、18頁 (2021).

＊5　原子力規制委員会、東京電力福島第一原子力発電所における事故の分析に係る検討会（第12回）資料3-1 (2020).

＊6　原子力安全・保安院、2021年6月6日発表 (2021).

＊7　国連科学委員会（UNSCEAR）、UNSCEAR2008年報告書（日本語版）、第2巻科学的附属　書 D49頁 (2011).

＊8　原子力規制委員会、前掲書、19頁 (2021).

＊9　UNSCEAR、UNSCEAR2013年報告書（日本語版）、第1巻科学的附属書 A20頁 (2014).

＊10　原子力規制委員会、前掲書、文献26 (2021).

＊11　原子力規制委員会、前掲書、18頁 (2021).

＊12　原子力規制委員会、前掲書、21頁 (2021).

＊13　原子力規制委員会、東京電力福島第一原子力発電所における事故の分析に係る検討会、東京電力福島第一原子力発電所事故の調査・分析に係る中間取りまとめ（2023年版）、19-20頁 (2023).

＊14　原子力規制委員会、前掲書、335頁 (2023).

＊15　原子力規制委員会、前掲書、115-122頁 (2023).

第3節　溶融炉心（デブリ）取り出しは可能か

2011年3月11日に発生した東北地方太平洋沖地震に伴う大津波により、福島第一原子力発電所（以下、福島第一原発）は全ての電源を喪失し、核燃料の溶融と原子炉建屋の水素爆発による損壊といった深刻な事故を起こした。この事故の国際原子力事象評価尺度（INES。国際原子力機関（IAEA）と経済協力開発機構原子力機関（OECD/NEA）が策定した、原子力および放射線関連の事故の重大性を評価した尺度。レベルが一段階上がることに深刻度が約10倍になるとされている）は、最も高いレベル7であった。福島第一原発は発電所としての機能の復旧は不可能であるから、廃止措置を取らざるを得ない。

本節では、廃止措置を遂行する上で極めて重要な過程である燃料デブリの処理・処分の見通しと課題を述べる。

（1）福島第一原発事故の進展と燃料デブリ

最初に図1-8と図1-9を参照し、事故の進展と燃料デブリが何処に、どれだけ存在しているのかについて述べる。

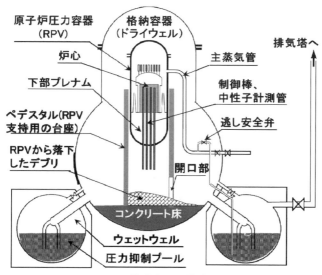

図1-8　格納容器内構造の概要

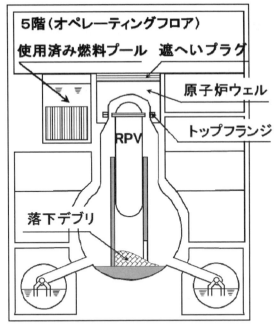

図1-9　原子炉建屋内構造の概要

　事故機の1~4号機では、使用済み燃料が原子炉建屋上部に設置されている使用済み燃料プール内に保管されていた。これらの使用済み燃料プールは、地震とそれに続く大津波の発生、およびその後の水素爆発等によっても何ら損壊することなくその機能は維持され、使用済み燃料に損傷はなかった。

① 福島第一原発事故の進展
　2011年3月11日14時46分に発生した地震動を受けて、運転中であった1~3号機はスクラム（核分裂反応を停止）した。4号機は定期点検のために運転を停止しており、炉心部の核燃料はすべて使用済み燃料プール内に移送されていた。
　原子力発電所では、運転中に生成した放射性の核分裂生成物（FP、Fission Products）が燃料内部に蓄積し、FPは壊変に伴って崩壊熱を発生する。崩壊熱を除去する冷却系統として、炉内で発生する蒸気を駆動源として冷却水を炉内に注入する系統と、非常用ディーゼル発電機を電源としてポンプで強制注水

する系統がある。前者は弁の開閉のための直流電源は必要であるが、注水ポンプを駆動するための電源は必要としない。1～3号機ではスクラム後に前者の冷却系統が作動するとともに、ディーゼル発電機も稼働して強制注水の準備も完了していた。

　地震発生から約50分後、大津波が発電所を襲い、直流電源およびディーゼル発電機が水没し、送電線も倒壊して外部からの電源供給も遮断され、いわゆる「全電源喪失」となった。

② 1号機

　1号機では津波が襲来するまで、非常用復水器（IC、Isolation Condenser。通称はイソコン）が作動して崩壊熱を除去していた。ICは自然循環力によって炉心で発生した蒸気を凝縮させ、その凝縮水を炉内に戻す仕組みであり、注水のための電源は必要としない。しかし、津波襲来時点で原子炉圧力容器（RPV）とIC間の弁が閉止されていたので、全電源喪失後は崩壊熱除去の手段がなくなった。その後、消防車による注水を試みたが、消防車からRPVに至る配管に分岐があり、消防注水のほとんどは分岐から漏洩して炉心には届かなかった。そのため燃料は過熱・溶融し、溶融デブリが下部プレナムに蓄積し始めた。

　地震発生から概ね15時間後（3月12日6時前）には高温の溶融デブリによってRPV下部が破損し、溶融デブリはペデスタルのコンクリート床に落下した。炉内に存在していた燃料のほとんどは溶融して、ペデスタルに落下したと考えられている。

　RPV内には、多量のジルカロイ（ジルコニウム合金）が構造物として使用されている。ジルコニウムは高温になると、水蒸気と反応（ジルコニウム－水反応）して多量の水素が生成する。1号機では、生成した水素は主として上部のトップフランジから原子炉ウェルに漏洩し、さらに遮へいプラグのすき間を通って原子炉建屋の5階オペレーティングフロア（原子炉建屋の最上階にあり、定期検査時に燃料交換作業などが行われる）内に充満した。3月12日15時36分に水素爆発が発生し、原子炉建屋の5階および4階の一部が損壊した。

③2号機

　2号機ではスクラム後、原子炉隔離時冷却系（RCIC、Reactor Core Isolation Cooling System）が作動した。RCIC は、炉内で発生した蒸気でタービンを稼働させ、蒸気タービンに直結したポンプによって冷却水を炉内に注入するシステムであり、ディーゼル発電機の稼働は必要としない。津波襲来時、RCIC 配管の弁は開いていたため、スクラム後も3日弱にわたって RCIC は作動し続けた（RCIC の設計上の稼働継続時間は8時間程度）。

　核分裂が停止すると崩壊熱は指数関数的に減少していくため、炉内の発生蒸気量もそれに伴って減っていく。蒸気量が減少すると蒸気駆動タービンは、タービンを回転させるエネルギーが不十分となるので、ついには停止する。そのため現場の運転員は、スクラム後約67時間の時点で RCIC の停止を認識し、他に崩壊熱除去の手段がないため、消防車注水の準備を始めた。

　消防車注水ではまず、原子炉の圧力を消防注水の吐出圧以下に下げるため、可搬バッテリーを持ち込んで逃がし安全弁を開き、炉内蒸気を圧力抑制プールに放出して炉圧を低下させた。ところが、可搬バッテリーによって弁を開く操作に手間取り、さらに消防車を稼働して注水するまでに一定の時間を要したため、その間も燃料の温度は上昇し続けた。燃料が一部溶融してから消防注水が始まったが、発熱反応である水－ジルコニウム反応によって炉内の温度上昇がさらに加速し、炉心溶融はさらに進んだ。

　水－ジルコニウム反応が起こると燃料の温度上昇がさらに加速することは、福島第一原発事故の前から知られていた。[*1]とはいえ事故が発生・進展している当時の現場では、事故収束のための手段を即断・即決しなければならない。

　したがって、全電源喪失のためプラント状態の計測値も満足に得られない状況下で、炉心冷却の手段として消防車注水を選択したことは責められないと考える。

　2号機の燃料の温度上昇が進展したのは概ねスクラム後3日以降であり、このときの炉心崩壊熱は約7.7メガワット（MW）であった。この発熱量は1号機の8.3MW、3号機の9.9MW より少なく、燃料の溶融割合は1・3号機より少なかった。結果的に、スクラムから概ね93時間後（3月15日12時頃）に溶融デブリがペデスタル（RPV を支持する鉄筋コンクリート製の土台）の床に落下したと

推定される。落下したデブリの量は全燃料の3割程度と推定されている。

2号機においても、ジルコニウム−水反応によって多量の水素が発生した。しかし1号機の水素爆発の衝撃で、原子炉建屋5階のオペレーティングフロアの壁に設置してあるブローアウトパネル（建屋の内圧が高くなった時にこれを解放して気体を放出し、加圧を抑える）が外れていた。そのため発生した水素の多くはブローアウトパネルから環境に放出され、幸いにも水素爆発には至らなかった。

④ 3号機

3号機では他号機と同様にディーゼル発電機は津波によって浸水して機能を完全に失った。しかし、幸いにも直流電源設備は1・2号機と比べて少し高い位置にあったため、その電力供給の能力はわずかに残されていた。

3号機では2号機と同様にまずRCICが稼働したが、残されていた直流電源の機能によって、スクラムから21時間ほど経過した時点でRCICは自動停止し、その後もう一つの炉内蒸気で駆動する冷却系である高圧注水系（HPCI、High Pressure Coolant Injection System）が自動起動した。現場の運転員は、炉内で発生する蒸気が時間経過とともに減少し、HPCIがいずれ機能を失うであろうことは想定していた。そのため、スクラムから約36時間を経過した（3月13日3時前）頃、低圧で作動する消火系での注水に切り替えるべく、HPCIを手動で停止し、可搬バッテリーによって逃がし安全弁を開けて炉圧を低下させる準備を進めた（残されていた直流電源の能力では弁を開くことができなかった）。

しかし、2号機と同様に消防車による注水に手間取り、さらにこの時点の崩壊熱発生量が2号機より大きかったこともあり、スクラムから約55時間後の3月13日22時前には炉心燃料の約7割が溶融して、ペデスタル床に落下したと推定されている。3号機でも3月14日11時1分に、原子炉建屋上部で水素爆発が発生した。

⑤ 1〜3号機事故進展の解析評価

OECD/NEAは福島第一原発事故後の2012年、この事故のベンチマーク解析プロジェクトBSAF（Benchmark Study of Accident at Fukushima Daiichi Nuclear Power Station）を発足させた。BSAFでは参加機関が各自のシビアア

クシデント解析コードを用いて、事故進展挙動を解析した。[*2] 結果の要約を表1-1に示す。

　BSAF 参加機関が使用したコードは、物理現象を数式で表現した解析モデルに差があるため、表1-1(b) に示したように解析結果に幅が生じている。なお括弧内は、各参加機関の解析結果の平均値を示している。

表1-1　OECD/NEA BSAF プロジェクトの結果

(a) 参加機関と使用した解析コード

国　名	機　関	コード	国　名	機　関	コード
フランス	CEA	TOLBIAC	日　本	NRA	
	IRSN	ASTEC	韓国	KAERI	
ロシア	IBRAE	SOCRAT	スイス	PSI	
ドイツ	GRS	GRS Code	フィンランド	VTT	MELCOR
日　本	CRIEPI	MAAP	スペイン	CIEMAT	
	IAE	SAMPSON	カナダ	CNL	
	JAEA	THALES2	米国	SNL	

(b) 解析結果

	1号機	2号機	3号機
RPV下部損傷時間 （スクラム後、h）	11.42〜15.1 （概ね14時間後、 3月12日5時頃）	83〜129 （概ね90時間後、 3月15日9時頃）	47〜73 （概ね50時間後、 3月13日17時頃）
RPVから落下した 溶融デブリ量（t）	111〜196 （概ね115〜150 t）	16〜186 （概ね20〜100 t）	51〜224 （概ね100〜200 t）

⑥ 4号機

　4号機では、炉心燃料はすべて使用済み燃料プールに移送されており、炉内に燃料は残っていなかった。

　原子炉建屋の換気系配管は排気塔に接続されているが、3号機と4号機で1本の排気塔を共用していたため、3号機で発生した水素が建屋の換気系配管を介して4号機の建屋に逆流し、3月15日6時12分に4号機の原子炉建屋上部で水素爆発が発生した。

（2）廃止措置推進のためのデブリ取り出しについて

　福島第一原発事故では1~3号機において燃料が溶融し、溶融デブリは RPV 下部を損傷させてペデスタル床に落下した。また、1・3・4号機の原子炉建屋上部は水素爆発によって損壊した。このような状況では発電所としての復旧・

再利用は不可能であるから、廃止措置を取らざるを得ない。野田内閣（当時）は2011年12月、「東京電力ホールディングス㈱福島第一原子力発電所の廃止措置等に向けた中長期ロードマップ」（以下、中長期ロードマップ）を策定した。中長期ロードマップはその後、廃炉作業の進展に伴って明らかになった現場の状況などを踏まえ、継続的な見直しが行われている。

　2019年12月時点での中長期ロードマップの目標工程を図1-10に示す。中長期ロードマップは、廃止措置終了までにいくつかの節目（マイルストーン）を設定し、その達成時期を目標として示している。達成時期は、その時までに達成できるという確かな技術的・論理的根拠に基づくものではなく、努力目標として設定されていると考えるべきであろう。

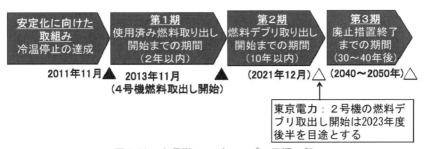

図1-10　中長期ロードマップの目標工程
出典：経済産業省　廃炉・汚染水対策関係閣僚等会議資料、東京電力ホールディングス（株）福島第一原子力発電所の廃止措置等に向けた長期ロードマップ、2019年12月27日

　第1期は使用済み燃料プール内にある使用済み燃料の取り出し開始までの期間であり、目標通りに達成されている。ただし、3・4号機の使用済み燃料取り出しはすでに完了したが、1・2号機を含めたすべての使用済み燃料の取り出し完了は2031年度内と見込まれている。[*4,5]

　第2期は燃料デブリ取り出し開始までの期間であり、当初は2021年12月を達成目標としたが、2023年度末の開始に改定されている。

　廃止措置を行っていく上でなぜデブリ取り出しが重要かというと、デブリが多量の放射性物質を含んでいるからである。福島第一原発事故が発生してから数日〜約10日で多量の放射性物質が環境に放出され、例えばセシウム137は大気中に6〜20ペタベクレル（ペタは10の15乗）が漏れ出したと推測され、福島県をはじめ北関東・茨城県北部・宮城県北部などの広い範囲に沈着した。一

方、環境に放出された放射性物質の量は大量であるものの、スクラム時に燃料内に蓄積されていた全放射性物質の高々数%であり、大部分は依然として格納容器内部（一部は原子炉建屋内）に残留している。

　放射性物質にはそれぞれ固有の半減期（放射性物質の量が半分になるまでの時間）があり、例えば代表的なFPであるセシウム137では30.08年である。したがって事故から約12年が経過した現在でも、セシウム137の放射能はスクラム時の約75%にしか減衰しておらず、仮にペデスタル内に人が立ち入ればこれらのFPが放出する放射線によって確実に死に至る。したがって、遠隔操作によるデブリ取り出しが必須である。

　廃止措置に関わる実施体制[*4,7,8]を図1-11に示す。廃炉の実施主体は当然、東京電力である。東京電力は、政府の中長期ロードマップにおける各マイルストーンの達成目標時期を指標として実行プランを立て、国際廃炉研究開発機構（IRID）や日本原子力研究開発機構（JAEA）の研究開発成果を取り込みつつ、廃炉事業を推進している。東京電力の廃炉計画は原子力規制委員会が審査し、それに合格してから実行に移される。東京電力の株式の過半数は原子力損害賠償・廃炉等支援機構（NDF＝国）が所有し、NDFは東京電力の活動をチェックしている。

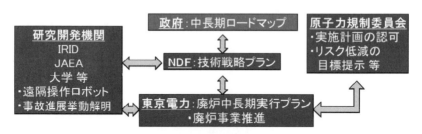

IRID ：技術研究組合 国際廃炉研究開発機構
JAEA ：国立研究開発法人 日本原子力研究開発機構
NDF ：原子力損害賠償・廃炉等支援機構

図1-11　廃止措置に関わる実施体制

　デブリ取り出しは廃炉工程の中で重要かつ難関であり、それをどのような方法で行うのかについて検討されている。そのうち、デブリにアクセスして取り出す位置については、図1-12に示す2つの方法が考えられる[*7]。1つは原子炉建

屋の上部から取り出す方法、もう1つは横から取り出す方法である。前者では
ペデスタル床面のデブリにアクセスするために、まず RPV を解体する必要が
ある。RPV 内部にもデブリが一部残留しているが、高い放射線レベルで汚染
されているから、その取り出しは困難を伴うと想定される。後者では、格納容
器（ドライウェル）中腹部の機器搬出入口が利用できるので、現在はこちらが
有力視されている。

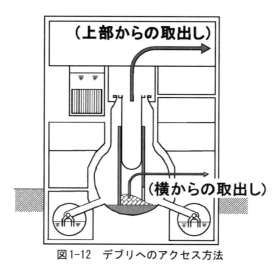

図1-12　デブリへのアクセス方法

デブリ取り出しの工法にもいくつかの案がある。[*7]

① 気中工法

　気中工法には、格納容器内の水を完全に抜いて空気中でデブリを取り出す工
法と、ペデスタルに落ちたデブリは水没させたままにする工法（部分気中取り
出し）の2つがある。いずれの方法も、多量の放射性物質を含むデブリを空気
中で取り扱うため、放射性物質が粉塵等に付着して飛散するのを防ぐ必要があ
る。しかし実際には、気中工法における飛散防止は困難と推定されるため、デ
ブリ取り出しの候補としての優先度は低いと考えられる。

② 冠水工法

　冠水工法は、格納容器の全体またはかなり高いレベルまで水を張って、基本

的に水中作業でデブリを取り出す。水中での作業であるから放射性物質の飛散を抑えることができ、水の放射線遮へい効果も期待できるという大きな利点がある。このように有力な工法であるものの、事故進展の過程で格納容器壁にはあちこちに漏洩箇所が発生しているから、まずはそこからの水漏れ対策を行う必要がある。さらに、水張りがひとまず可能になったとしても、今後、地震が発生した場合に耐震安全性を担保できるかが課題として残る。

③ 船殻工法

NDF は①②に対する課題の難しさを考慮し、船殻工法（船殻のもともとの意味は、船体の外殻の構造）を新たな工法として提案した[*5]。これは、原子炉建屋全体を水圧に強い構造物で囲って水没させ、デブリの取り出しは水中で行う。水が放射線を遮へいするので作業の安全性は高まるが、水がデブリに触れるため高濃度汚染水が多量に発生するという課題もある。

工法としては完全冠水あるいは部分冠水が有力と思われるが、格納容器漏洩箇所の封止や耐震性確保が難しい場合には船殻工法の検討もあり得る。

(3) デブリ取り出し実現のための課題

もしデブリの建屋外への取り出しができたとしても、これで一件落着とはならない。これはステップ1にすぎず、さらに取り出したデブリの封かん（ステップ2）、輸送（ステップ3）まで考慮する必要がある。それぞれのステップには次のような課題がある[*9]。

ステップ1：デブリへのアクセスルート確保、治具・遠隔操作ロボット等の
　　　　　開発、デブリの分割・切断
ステップ2：収納缶の設計・制作、デブリ乾燥処理・重量測定・線量率検査
ステップ3：輸送容器設計・制作、不活性ガス封入、漏洩検査

ステップ1を完結するには、ペデスタル床面にあるデブリの性状・成分、線量率等の詳細な把握が必須であり、東京電力は「格納容器内部調査」を継続実施しているところである。

これらの課題は高いハードルではあるが、現時点で技術的に不可能という根

拠はない。目標達成に向けて努力しているのが現状と理解すべきであろう。

（4）まとめ

本節では「デブリ取り出しは可能か」について検討してきたが、「その答は
まだない」が結論である。一方、中長期ロードマップに示された目標達成が、
不可能であるという技術的・論理的根拠もない。したがって、高いハードルで
あろうとも実現に向けて最大限の努力が続けられる必要があり、そのプロセス
を今後とも注視し続けることが肝要と考える。

参考文献と注

＊1　Naitoh M., et al., Assessment of Water Injection as Severe Accident
　　　Management using SAMPSON Code, ***13th International Conference on
　　　Nuclear Engineering***, ICONE13-50925, Beijing, China, May 16-20 (2005).
　　　https://www.researchgate.net/publication/228644592、2023年7月23日閲覧.

＊2　OECD/NEA, Benchmark Study of the Accident at the Fukushima Daiichi
　　　Nuclear Power Plant Summary Report, NEA, No.7525 (2021).

＊3　経済産業省、廃炉・汚染水対策関係閣僚等会議資料、東京電力ホールディング
　　　ス（株）福島第一原子力発電所の廃止措置等に向けた中長期ロードマップ、2019
　　　年12月27日.
　　　https://www.meti.go.jp/earthquake/nuclear/pdf/20191227.pdf、2023年7月19日
　　　閲覧.

＊4　経済産業省、廃炉・汚染水・処理水対策チーム会合／事務局会議（第109回）
　　　資料3-2、2022年12月22日.
　　　https://www.meti.go.jp/earthquake/nuclear/decommissioning/committee/
　　　osensuitaisakuteam/2022/12/index.html、2023年7月19日閲覧.

＊5　東京電力ホールディングス㈱、廃炉中長期実行プラン、2023年3月30日.
　　　https://www.tepco.co.jp/decommission/progress/plan/pdf/20230330.pdf、2023年
　　　7月19日閲覧.

＊6　核分裂生成物の半減期は、極めて短いものから長いものまで多岐にわたってい
　　　る。例えばヨウ素131は半減期が8.0252日であり、2011年末の時点で36回の半減
　　　期を経過しているため、福島第一原発事故が発生した時点の放射能の約1000億分

の1に減衰している。したがって、この時点でヨウ素131の放射能は、無視できるレベルになっている。

＊7　原子力損害賠償・廃炉等支援機構（NDF）、東京電力ホールディングス（株）福島第一原子力発電所の廃炉のための技術戦略プラン2022について、2022年10月11日.

https://dd-ndf.s2.kuroco-edge.jp/files/user/pdf/strategic-plan/book/20221011_SP2022EM.pdf、2023年7月19日閲覧.

＊8　IRIDホームページ、組織概要.

https://irid.or.jp/organization/、2023年7月19日閲覧.

＊9　倉田正輝、デブリの生成過程と取り扱い、日本原子力学会2022年廃炉委員会公開シンポジウム、2022年6月25日.

第4節　新規制基準は破綻している
── 福島第一原発事故の衝撃

　原子力規制庁は2021年3月5日、「東京電力福島第一原子力発電所事故の調査・分析に係る中間取りまとめ─2019年9月から2021年3月までの検討─」（以下、中間取りまとめ）を発表した。

　中間とりまとめから、安全性に関して、①格納容器ベントの仕組みには多くの欠陥があること、②特に、重大事故時の設計に関する基本的な考え方の検討不足から、耐圧ベントラインの系統構成が脆弱であること、③そのため、水素を排出しようとすると原子炉建屋内に水素が逆流し、本来は水素が発生しない隣接号機に流出して水素爆発を起こす、などの欠陥が明らかになった。

　設計思想に関しても、①シビアアクシデント対策を事業者の自主基準とした（事業者と原子力規制庁のもたれあい）、②福島第一原発でのシビアアクシデント対策は付加設計にすぎず、トータル設計になっていなかった、③シビアアクシデント対策が「設計基準事故」と「シビアアクシデント（過酷事故）」のダブルスタンダードになっていた、などの問題があげられる。本稿ではこうした問題を概観しつつ、2022~2023年に明らかになった福島第一原発1号機の原子炉圧力容器の基礎（ペデスタル）の鉄筋コンクリートのコンクリート喪失に関して、シビアアクシデント対策の観点から論じる。

（1）1990年代のシビアアクシデント対策

　原子力安全委員会（当時）は1992年5月28日、「発電用軽水型原子炉施設におけるシビアアクシデント対策としてのアクシデントマネージメントについて」を公表した。これは、1987年7月に同委員会の下に設けられた共通問題懇談会が出した、「共通問題懇談会中間報告書」（1990年2月9日）と「シビアアクシデント対策としてのアクシデントマネージメントに関する検討報告書─格納容器対策を中心として─（以下、報告書）」（1992年8月5日）が土台になっている。なお、日本においてシビアアクシデント（過酷事故。現在は重大事故という）が起こる可能性を正式に認めたのは、1992年5月28日の原子力安全委員会報告である。これ以前は、日本ではシビアアクシデントは存在しないこととされ

ていた。

　ここでシビアアクシデントとは、「設計基準事象を大幅に超える事象であって、安全設計において想定された手段では炉心の冷却や反応度の制御ができない状態」をいう。シビアアクシデントが起こってしまうと、炉心は重大な損傷に至る。なお、設計基準事象とは、「原子炉施設を異常な状態に導く可能性のある事象のうち、安全設計とその評価に当たって考慮すべき事象」と定義されている。

　日本では原子炉施設の安全性は、①異常の発生防止、②異常の拡大防止と事故への発展の防止、③放射性物質の異常な放出の防止、という多重防護の思想に基づき安全対策を行うことで、「十分確保されている」と位置づけられた。そして、「これらの諸対策によりシビアアクシデントは、工学的には現実に起こるとは考えられないほど発生の可能性は十分小さいものとなっており、原子炉施設のリスクは十分低くなっていると判断される」とされた。要するにシビアアクシデントは、問題として取り上げられただけにすぎず、実際には日本特有の安全神話に深く浸食されていたわけである。

（2）福島第一原発事故以前の具体的なシビアアクシデント対策

　アクシデントマネージメントについての当時の解釈は、設計基準事象を超えて炉心損傷が万一発生した場合の措置として、①現在の設計に含まれる安全余裕、安全設計上想定した本来の機能以外にも期待し得る機能、またはそうした事態に備えて新規に設置した機器等を有効に活用することによって、事故が拡大するのを防止する措置、②もし拡大した場合にも、その影響を緩和するために採られる措置、であるとされた。これらのうち前者はフェーズⅠ[*10]、後者はフェーズⅡ[*11]と呼ばれる。

　フェーズⅡを具体的に述べると、①損傷炉心の冷却と格納容器の熱除去機能を回復する、②格納容器の過圧破損の防止をする、③放射性物質を含む気体を環境へ放出せざるを得なくなった場合にも、格納容器に専用のベントライン[*12]（フィルター付の場合を含む）を設置し管理して放出する、とされた。なおヨーロッパ諸国では日本と異なり、格納容器にフィルター付ベント設備[*13]を設置していた。

　報告書は、国内の原子炉のPSA[*14]や米国のNUREG-1150[*15]によるPSA等に基

づいて検討された。ところが格納容器対策、特にフィルター付格納容器ベント設備と水素燃焼装置については、分析しただけで実際には採用しなかった。

アクシデントマネージメントは、現実の事態に直面しての臨機の処置も含めて柔軟に行う措置である。これは原子炉施設の設備を大幅に変更することなく実施可能であり、実施を想定することでリスクが効果的に減少する場合には効果が期待されるとされた。なお、そうしたリスクの減少の目標は、例えば国際原子力安全諮問グループ（INSAG）の基本安全原則が示す定量的な安全目標（炉心損傷の発生率は、既存炉に対して10^4/炉年（炉年とは運転基数×運転年数のこと）、新設炉に対して10^5/炉年とし、核分裂生成物の大規模な放出を伴う炉心損傷の発生率は、さらにこれらの1/10）などを一つの参考とするのが適切であろうとされていた。

しかし、原発の安全性に関するこうした考え方は、福島第一原発事故によって崩壊したのである。

（3）福島第一原発事故の教訓と新規制基準の有効性

福島第一原発事故以前、格納容器にフィルター付ベント設備と水素燃焼装置などを追加することが検討されてはいた。しかし、まじめに技術的検討を行うことはなく、格納容器耐圧ベントと消火系ラインの原子炉冷却系への流用以外は、実効性のある対策はとられなかった。しかも格納容器耐圧ベントですら、福島第一原発事故では原子炉建屋の換気空調系や非常用ガス処理系（SGTS）などの従来の設計基準に対する設備と混在したことが引き金となって、電源喪失に伴って系統間にあるバルブがフェイルオープンしてしまい、水素が格納容器ベントラインからSGTS系を介して原子炉建屋内に流入し、水素爆発に寄与した。また格納容器ベントでは、放射性物質と共に水素を外部へ放出しようとしたが、水素が逆流して失敗した。こうした問題について、新規制基準では、きちんと対策はなされていない。つまり、「事故の主要なパラメータが誤表示である場合、正しくが確認できる仕組みになっていない」こと、「そうした不確かな表示や情報に基づいてバルブ操作の指示が出る」こと、「したがって人為的なミスを防ぐために自動的にバルブが作動する仕組みにすることがかえって危険側の選択になり得る」ことが基本的な問題として認識されていない。

このように見てくると、1992年以降におけるシビアアクシデント対策の基本的な問題点が以下のように列記できる。

① シビアアクシデント対策を事業者の自主基準にしてしまった。

② シビアアクシデントが、工学的には現実に起こるとは考えられないほど発生の可能性は十分小さい、と判断した。その安全神話が原子力産業界だけでなく、規制部門・学会・研究機関まで浸透し、炉心溶融事故など起こるはずがないというドグマになっていた。

③ 設計基準事故対策は基本的に変えていない。格納容器ベントを除いて、原子炉や原子炉格納容器などのハードな仕組みは改良せず、安全機能を回復させるための手順やマニュアルの整備にばかり力をいれてきた。万が一にも機能喪失してはいけない安全装置の仕組みは自動化せず、人の手によることを原則にした。これは致命的な欠陥と言わざるを得ない。

④ 重大事故対策では、多重防護・多層防護の観点からアクシデントマネージメントを実設計基準事故の延長上に考えて、もともと設置されている仕組みを目的外適用することで有効であるとした。例えば、本来は原子炉の冷却用ではない消火系配管を、冷却に流用したのがこれに当たる。しかし消火系配管は耐震基準が低いため、地震により損傷する可能性があり、事故時に確実に作動する保証はない。そもそも目的外使用であるため、環境条件との不整合や他の系統との基本的な矛盾が潜在的にあり得る。[*25]

⑤ ケーブルの難燃化を掲げているが、ケーブルをすべて燃えにくい難燃材料に置き換えることはせず、材料の延焼試験から難燃材料と解釈できるとしてそのまま使用した。

　原発への回帰と再稼働の動きが画策されている中で、新規制基準が福島第一原発事故に対してどこまで有効なのか、あるいは有効になっていないのかということを真摯に検証する必要がある。

（4）新規制基準の概要と問題点

　福島第一原発事故をどのような視点でみるかということは、①事故とはどの

ようにして起きるのか、②起きた事故がどのように進展していくのか、③なぜ事故が収束することなく拡大していくことがあるのか、といったことを具体的に検証することであると言えよう。

1992年の共通問題懇談会報告[*8]によると、海外ではPSAをベースに安全目標を定量化して検討しているとされる。しかし、福島第一原発事故をつぶさに検討していくと、確率論をベースにして過酷事故対策をすることは間違いであり、むしろそうした考え方が福島第一原発事故の原因のひとつになったと考えられる。東京電力福島原子力発電所事故調査委員会（国会事故調）は、事業者のみならず規制当局も含めた構造的問題があると指摘したが、PSAの問題はこれにも関係してくる。

従来の欧米追従型のやり方を改め、日本として独自の視点から福島第一原発事故の原因調査と事故防止のための新規性基準の策定・適用を行うべきと考える。その際には確率論に頼らず、基本的な安全性の追求の徹底した調査検討と、具体的な事故防止策が追求されるべきである。また、福島第一原発事故の分析や事故対策を考える上で、常に「安全とは何か」とする視点に立ち戻る必要がある。

確率論的リスク評価（PRA）の研究が不十分だったことが福島第一原発事故の原因となったので、これからの安全性評価は定量的な確率論の研究を中心にすべきとの意見も聞かれる。しかし、それは基本的に間違っている。なぜなら、確率論的視点をどれほど追求したところで、系統間のバルブのフェイルオープンかフェイルクローズかという基本的なシステムの問題に対する検討がなされていない状態では、確率を議論することなどお門違いもいいところである。仮定に仮定を重ねて無理やり事故に至る確率を評価するのではなく、事故進展における様々な経路から最も厳しいものを徹底的に洗い出すべきである。それを踏まえて、最悪の事故の発生要因をつぶすことで大規模事故を防止することが、原子力安全の基本である。新規制基準はそのために適用されなければならない。

さてここで、原発で重大事故に至るきっかけを考えてみたい。それには次のようなものがあるだろう。

① 地震・津波・火山の噴火等の自然災害。これらについて現在の科学的知

見では、規模の上限は定かでないと考えられる。地震については、日本では南海トラフ地震のように極めて大きなものが襲来することは、ほぼ必定である。

② 機械、装置等の故障、中でも計測系の故障や誤作動など。福島第一原発事故の教訓として、事故前には潜在化していた様々なトラブルが、事故の進展と共に顕在化してくることがあげられる。本来働くべき装置が故障することを前提に、安全を確保する仕組みを作ることが必須の課題である。

③ ヒューマンエラーも引き金となる。福島第一原発事故、米国・スリーマイル島原発事故のいずれも、人の判断ミスや操作上の問題が随所に生じている。これらに加えて、各種の人為的攻撃やテロ、航空機事故等も原発事故のきっかけとなり得る。

なお、軍事的な衝突や国際的な緊張との関係についても一言述べたい。ロシアのウクライナ侵攻を契機にして、エネルギー安全保障の観点からエネルギーの国産化が叫ばれている。しかし、原発は格好の攻撃対象になりうるため、社会が平和で安定している時以外は原発の稼働を止めざるを得ない。つまり軍事的な衝突や国際的な緊張が歴然と存在する今日的状況では、原発は国産エネルギーとして利用することは非現実的である。

さて、福島第一原発事故以前の「従来の規制基準」と、事故以降の「新規制基準」を比較すると、図1-13のようになる。

「従来の規制基準」の自然現象や火災に対する考慮、電源の信頼性や耐震・耐津波性能等に対して、「新規制基準」では「設計基準の強化と外的事象に対する考慮の拡大」が行われて、設計基準の項目が強化・新設された。また、「炉心損傷防止対策」「格納容器破損防止対策」「放射性物質の抑制対策」がシビアアクシデント対策として、「意図的な航空機衝突への対応」がテロ対策としてそれぞれ新設された。

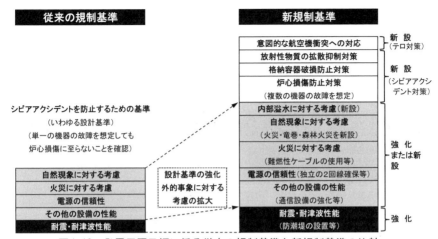

図1-13　発電用原子炉に係る従来の規制基準と新規制基準の比較

出典：原子力規制委員会、発電用原子炉及び核燃料施設等に係る新規制基準について（概要）の図を一部改変

（5）新規制基準の枠組みの問題と実際に適用されている事故対策の誤り

　新規制基準の課題は何か、の疑問に答えるには2つの視点が必要となる。それは、①新規制基準の枠組みと現実の事故対策の有効性に係る問題、②実機に適用されている事故対策が科学的視点から誤っていないか、である。表1-2と表1-3は、原発の持つ特性と過酷事故の関係を整理したもので、過去の私の講演資料を元に作成した。

表1-2　炉心溶融と事故収束

炉心溶融が起きると、なぜ事故収束ができなくなるか
1　大量の水素が発生する 　　水素は酸素があると爆発する性質があり、機器の性能を妨げることがある
2　炉心冷却が困難
3　高温の炉心に水を入れると、燃料が損傷しバラバラになる
4　溶融したデブリに水をかけても確実に冷却できるかははっきりしない
5　溶融したデブリが水と接触すると水蒸気爆発の可能性がある
6　燃料デブリは冷却できないと、コンクリートと反応して大量のガスを出しながらコンクリートを侵食する（俗称：チャイナシンドローム）
7　格納容器ベントが必要。フィルターベントシステムの限界

表1-2は、炉心溶融と事故収束の困難さを表したものである。

もちろん、これらだけが原発事故のすべてではないが、少なくとも「炉心溶融を起こすと事故の収束が、極めて困難であること」は重要な視点である。

表1-3　原発の設計はダブルスタンダード

設計基準事故の条件	過酷事故（重大事故）の条件
◆ 配管破断等の事故→冷却材喪失事故 →それでもECCS※が働き、炉心溶融防止へ ※ 非常用炉心冷却装置	◆ 基本設計を見直していない →確実な冷却システムになっていない
◆ 安全系の単一故障基準の適用 →多重故障がカバーできない	◆ 部分的に多重故障を考慮 →電源喪失＋冷却系の多重故障は考慮しているが、全体をカバーしていない
◆ 格納容器の設計基準 →BWRの例：3〜4気圧、171℃ 保有するエネルギーレベルが高すぎる	◆ 格納容器の過酷事故時の条件 →2Pd（設計時圧力の2倍の圧力）・200℃は過酷事故時の条件として余裕がなさすぎる →格納容器の設計条件を引き上げなければ、福島第一原発事故のように機能を喪失
・上記の条件で事故は収束するとしている	

表1-3は、設計基準事故と過酷事故（重大事故）がダブルスタンダードになっていることを示している。こうしたダブルスタンダードは、事故の進展を防ぐ上でネックになっていることが読み取れる。

次に示す表1-4は、鉄道と原発のシステムの比較をして、鉄道は"止まる安全"が成立するが、原発は"止まる安全"が成立しないことを示している。安全の仕組みとして、鉄道は「確定的安全」が成立しやすいが、原発は「確率的安全」しかできないため、重大事故をなくすことができないと分かる（特別レポート5、原発の安全基準はどうあるべきか（ccnejapan.com）、123-124頁参照）。

表1-4　鉄道と原発のシステム比較

項 目	鉄道システム	原発（非常に複雑）
安全の基本原理	止まる・隔離する・逃げる・安全 【確定的安全】	止められない・隔離できない・逃げられない 【確率的安全】
出力レベル	有限・自然に止まる	（実質的に）無限
設計基準	シングル	ダブル（設計基準条件 vs 過酷事故条件）
制御性	受動的安全が主（？）	能動的安全が主（既存炉）
事故の規模・範囲	限定的	限定できない

（6）炉心溶融を起こすと原子炉の基礎構造が機能を失う

　炉心溶融が始まると、原子炉や格納容器、使用済み燃料プールの冷却が極めて困難になる。福島第一原発事故でも、溶融した炉心は原子炉圧力容器を溶融・貫通し、格納容器の床に落下して周囲のコンクリートや金属を融かした。これに伴って、原子炉圧力容器の基礎（ペデスタル）も損傷した。なお、溶融デブリがコンクリートを侵食していくプロセスは、過酷事故の事故進展を解析でサポートする MAAP というソフトで解析していた。新規制基準の誤りは多々あるが、2022年から話題になっている、福島第一原発1号機のペデスタルのコンクリートの浸食状況の異常さは最たるものである。事故直後から想定していた、溶融デブリとの反応（コアコンクリート反応）によるコンクリートの浸食は事故直後から想定されていたが、その量は約70センチメートル（㎝）と考えられていた。ところが実際には、厚さ1.2メートル（m）・直径5m 以上ある鉄筋コンクリート構造のコンクリートが、高さ1m 近くにわたってほぼなくなっていた。想定浸食量の2倍近くのコンクリートが、消失していたわけである。

　過酷事故では多くの場合に炉心溶融を伴うが、これは福島第一原発事故以前から最も恐れられてきた事故シナリオのひとつである。しかも加圧水型炉（PWR。日本の商業用原発である軽水炉には、福島第一原発と同じタイプの沸騰水型炉（BWR）と、別のタイプの PWR がある）では、最短で事故発生から約20数分で炉心溶融が始まり、1時間半強で原子炉容器を溶融・貫通してしまう。BWR はそれより若干時間がかかるが、事故が進展すればほぼ同様な結果になる。このようになると、デブリの接触でペデスタルの分厚い鉄筋コンクリートがなくなり、構造物としての体をなさなくなってしまう。

　現在の規制基準は、炉心溶融を起こしても事故収束をできるとしている。ところが福島第一原発の事故炉では、原子炉直下のデブリの挙動すらつかめていない。冷却に失敗してしまうと、コアコンクリート反応による浸食がずっと進むか、冷却水にデブリが落下して大規模な水蒸気爆を起こすか、いずれも極めて危険性が高い。

　このような状況で再稼働を進めることは、福島第一原発事故を意図的に無視したとしか思えない。それだけでなく、現在は運転員の半分近くが一度も実機

を運転したことがないという状況である。原発の老朽化が進む中で事故を起こすと、経験豊富な運転員がいないことは、事故のリスクが飛躍的に高まることに直ちにつながる。

(7) まとめ

福島第一原発事故調査の中間報告をもとにして、その後の原発敷地内で発見された事実も加えて、福島第一原発の事故概要を明らかにした。また過酷事故対策として1992年に日本で初めて成文化されたアクシデントマネージメントの検討も重ね合わせて、日本の新規制基準が持つ技術的な弱点について論じた。

参考文献と注

＊1　原子力規制委員会、東京電力福島第一原子力発電所における事故の分析に係る検討会、東京電力福島第一原子力発電所事故の調査・分析に係る中間取りまとめ―2019年9月から2021年3月までの検討、2021年3月5日.
https://www.nra.go.jp/data/000345595.pdf、2023年7月12日閲覧.

＊2　原子力安全委員会、発電用軽水型原子炉施設におけるシビアアクシデント対策としてのアクシデントマネージメントについて、1992年5月28日.
http://www.engy-sqr.com/lecture/document/140zadannkaisiryou1.pdf、2023年7月12日閲覧.

＊3　付加設計は、新たな仕様が追加された時に、全体を最適化することなく部分的な追加だけですます設計のこと。部分的に繰り返すとやがて破綻する（畑村陽太郎による）。

＊4　トータル設計は、付加設計の逆で全体の構想を練り直し最適なものにする設計のこと。

＊5　ここでのダブルスタンダードは、原子力発電の装置や仕組みの中に設計基準と重大（過酷）事故基準の2つが適用されるため、事故基準が二重基準となって矛盾が生じることをいう。

＊6　コンクリートの喪失は、鉄筋コンクリートが溶融炉心と接触してなくなってしまったこと。

＊7　1990年2月19日 原安委・共通問題懇談会「中間報告書」取りまとめ.

http://www.engy-sqr.com/lecture/document/140zadannkaisiryou1.pdf、2023年7月21日閲覧.

* 8　原子炉安全基準専門部会共通問題懇談会、シビアアクシデント対策としてのアクシデントマネージメントに関する検討報告書―格納容器対策を中心として、1992年3月5日.

* 9　安全神話とは、福島第一原発事故後に問題になった原子力ムラが出していた誤謬だが、この事故以前の1990年初頭からすでに根拠のない「安全神話」が醸成されてきていた。

* 10　フェーズ1は、炉心損傷前の状態を言う。

* 11　フェーズⅡは、炉心損傷後の状態を言う。

* 12　専用のベントラインは、配管の格納容器耐圧ベントを指す。

* 13　ベントは格納容器から人為的に放射性物質を出すので、これを行う時はフィルターを通す必要があることが、1992年には分かっていた。ところが福島第一原発事故に至るまで、「フィルター付ベント施設」が設置されることはなく、この事故を受けてようやく設置することになった。

* 14　PSA は、確率論的安全評価（probabilistic safety assessment）のこと。

* 15　米国原子力規制委員会が最終版を1990年12月に発行した「米国5原発の個別プラント評価結果（プラント毎にリスク評価）」.
https://www.nrc.gov/reading-rm/doc-collections/nuregs/staff/sr1150/index.html、2023年7月12日閲覧.

* 16　現実の事態に直面しての臨機の処置は、設計想定外の場合にも人が柔軟に対処する事故対応のこと。

* 17　柔軟に行う措置は自由度の高いやり方ではあるが、事故時にはミスを起こし易い。

* 18　基本的なハードの変更はせずに運用で事故対応をするため、確実に事故を封じ込めることはできない。

* 19　事故のリスクを考える時に対策の是非を評価する上での目標値をいい、通常は発生確率で示す。本来リスク評価は被害の規模との組み合わせによる。

* 20　炉心溶融にともない発生した水素を、局所的に燃焼させ水素濃度を低減する装置。「イグナイタ」といわれ、ひとつ間違うと大量の水素に火がついて"自爆装置"になってしまう危険性がある。

＊21　消火系ラインは本来、火災を消すために設けられた装置だが、過酷事故時には炉心冷却用に流用する。ただし、耐震性など保障されていないことや、人が運用することのリスクがある。

＊22　建屋内の空調設備で、事故時には非常用装置に切り替える。

＊23　非常用ガス処理系は、建屋内に放射性物質が流出してきた時に、放射性物質を取り除くために使う、フィルター付きの装置で「SGTS」（Standby Gas Treatment System）と言い、過酷事故時には性能上使えない。

＊24　バルブのフェイルオープンは、トラブル（例えば、電源喪失）が発生した時に、そのバルブを自動的に開くように設計した仕組み。福島第一原発事故では、閉じるべき状態でバルブが自動で開いてしまったことが、事故の進展を決定づけたと考えられる。

＊25　潜在的にあり得るとは、原発のような複合的なプラントでは、特に老朽化により劣化が進んで欠陥が潜在的には発生していても、その時には健在化せず、事故が起きてから初めて欠陥が顕在化するようなことがあり得るということ。

＊26　宮田浩一、福島第一原子力発電所事故の概要、3頁.

第2章

＜変えられない、変わらない＞
核燃料サイクル

第1節　六ヶ所村核燃料サイクル施設の設備と運転

　青森県の下北半島の付け根付近に位置する六ヶ所村には、日本原燃株式会社（以下、日本原燃）の核燃料サイクル施設（日本原燃としての名称は、原子燃料サイクル施設）がある。その敷地総面積は東京のJR山手線の内側の面積を少し超える約750ヘクタール（ha）に及び、使用済核燃料の再処理工場（処理能力は年間800ウラン換算トン（t））・高レベル廃棄物貯蔵管理センター・低レベル廃棄物廃棄埋設センター・ウラン濃縮工場・MOX燃料工場が置かれている[*1]。このうち、当初1997年に完成予定だった再処理工場は、26回の予定変更を経て、2023年6月現在の時点で、2024年の早い時期に完成を目指すとされ、MOX燃料工場は同年度の前半に竣工が予定されている。また、高レベル廃棄物貯蔵管理センターには、2022年3月末時点で、フランスとイギリスから返還された1830本と国内で試験のために製造された346本、合計2176本のガラス固化体が貯蔵されている（貯蔵容量は2880本[*2]）。

　もともとMOX（プルトニウムとウランの混合燃料でMixed Oxide混合酸化物の略）燃料工場は、高速増殖原子炉への核燃料供給を目的としていたが、研究用高速増殖炉「もんじゅ」の2016年廃止決定によって、現在ではプルサーマル軽水炉の混合燃料の製造だけが目指されている。

　また、核不拡散条約体制の下で、非核保有の単独の国として再処理施設を持つのは日本だけという特殊性もある[*3]。

（1）再処理施設が六ヶ所村に決まるまで

　日本では原子力発電の計画当初から、高速増殖炉と核燃料サイクルが視野に入っていた。核燃料の再処理と廃棄の計画は、1956年の「原子力研究開発利用長期計画」（以下、長計）で初めて言及された[*4]。同計画では「原子燃料資源の有効利用」から「増殖型動力炉」が最適とされ、当面は日本原子力研究所（原研）で研究を進め、その後は原子力燃料公社（後の動力炉・核燃料開発事業団。略称は動燃）が実施するとされた。1972年の第4次長計で、再処理でスケールメリットを生かすために電気事業者など民間の協力が必要とされ、1979年6月の核原料物質、核燃料物質及び原子炉の規制に関する法律（原子炉等規制法）

の一部改正によって再処理民営化が可能となり、翌年の1980年に電気事業連合会（電事連）は日本原燃サービス株式会社（1985年発足の日本原燃産業（株）と1995年に合併し、日本原燃となる）を発足させた。

　発足時の日本原燃サービスの後藤清社長が九州電力副社長であったこともあって、当初は鹿児島県の馬毛島が再処理工場の候補地に挙がることがあった。しかし、計画に積極的だった当時の金丸三郎鹿児島県知事が参議院議員に転じた後、次の鎌田要人知事が難色を示したため、「幻の開発構想」に終わったとされている。*5.6 その後、日本原燃サービスは、北海道の奥尻島への建設の話を水面下で進めていたが、1983年に横路孝弘が革新系知事として当選したことから、奥尻島を断念し、青森県に候補地をもとめた。*7 それが、六ヶ所村だったのである。

　1984年7月に電事連は青森県に対して、核燃料サイクル施設を六ヶ所村に建設する計画を申し入れ、翌1985年4月に県は同計画を受け入れた。当時、青森県は、国と経団連とともに設立したむつ小川原開発株式会社の所有の形で、六ヶ所村に3500ヘクタール（ha）に及ぶ広大な用地を有していた。むつ小川原開発は、1969年の新全国総合開発計画（新全総）で始められ、当初は、茨城県の鹿島開発の三倍の用地を持つ巨大な石油コンビナート等の建設が目指されていた。しかし、この計画全体はその後の二度のオイルショックによって挫折し、かろうじて国家石油備蓄基地が1984年に建設されたものの、使用された用地は140haで残りの工業用地は手つかずのまま残った。1996年にはむつ小川原開発（株）は、2184億円の借入金を抱え、経団連も政府に計画の見直しを要請せざるを得ない状態となっていた。核燃料サイクル施設の建設計画は、青森県にとっても「救いの神」になった。*8

（2）再処理施設の概要

① 再処理工場

図2-1は、再処理工場の使用済核燃料の処理の流れを示したものである。*9

　各地の原子力発電所から送られてきた使用済燃料は、輸送容器（キャスク）から取り出され、燃料貯蔵プールで冷却・貯蔵されて、放射能の量を数百分の一に減衰させる（受け入れ貯蔵）。

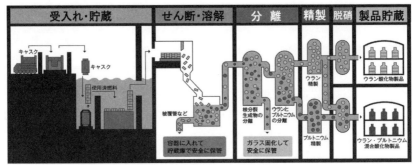

図 2-1　再処理工場の工程

出典：電気事業連合会、原子燃料の再処理（https://www.fepc.or.jp/smp/nuclear/cycle/about/saishori/index.html）の図を一部改変

　次にせん断機で使用済燃料を細かく切断した後、硝酸を入れた溶解槽で燃料部分を溶かし、燃料部分と被覆管部分とを分別する。燃料を溶かした硝酸溶液は、清澄機で溶解しなかったものを除去した後、分離工程へ送る（せん断・溶解）。溶け残った被覆管などの金属片は、固体廃棄物として処理する。

　分離工程では、図2-1「分離」のパルスカラムという装置で、硝酸溶液を有機溶媒と接触させ、ウラン・プルトニウムと核分裂生成物とを分離し、核分裂生成物はガラス固化体に入れてキャニスターと呼ばれる容器に保管する。さらに、化学的性質の違いを利用してウランとプルトニウムを分離する。精製工程では、ウラン溶液とプルトニウム溶液中に含まれている微量の核分裂生成物をさらに取り除いて純度を高める。脱硝工程では、精製されたウラン溶液とウラン・プルトニウム混合溶液から硝酸を蒸発、熱分解させて、ウラン酸化物粉末と MOX 粉末にし、出荷までの期間貯蔵する。

② 放射性物質の管理
　図2-2は、再処理工場から排出される各種の放射性物質の扱いを示したものである。[*10] 核分裂生成物およびアメリシウムなどの超ウラン元素を含む高レベル放射性廃液は、ガラス原料とともに熔融固化されてガラス固化体となりキャニスターに封入され、高レベル廃棄物貯蔵センターにあるガラス固化体貯蔵施設に保管される。この工程で発生するその他の汚染物は、低レベル廃棄物廃棄埋

設センターに保管される（わが国では、高レベルと低レベルの区分しかないので、かなり高いレベルの汚染物も含まれる）。以上は、再処理施設内に保管されるが、その他に環境へ放出されるものもある。

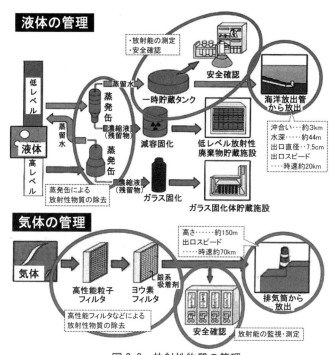

図 2-2　放射性物質の管理

出典：資源・エネルギー庁、「六ケ所再処理工場」とは何か、そのしくみと安全対策（https://www.enecho.meti.go.jp/about/special/johoteikyo/rokkasho_1.html）の図を一部改変

　低レベル廃棄物の蒸留処理で生じるトリチウム（三重水素）などの放射性物質が含まれる蒸留水は、貯蔵タンクに保管した後、希釈して海洋に放出される。また、処理施設から排出される、放射性物質を含んだガスは、排出筒から大気中に放出される。2001年日本原燃作成の「再処理事業所再処理事業変更許可申請書」によれば、排水と排ガスに含まれる放射性核種の年間放出量は、それぞれ表2-1と表2-2のようになる。[*11]この申請書によれば、排出時には希釈されるため、人体への影響は小さく抑えられるとされている。[*12]
　環境への放射性物質の排出量は、原子力発電所に比べて、再処理施設からの

方が100倍程度、多いことが知られている。たとえば、福島第一原発で問題となっているトリチウムを含む排水量と単純比較すると、完成時の六ヶ所村からの年間排出量は18,000兆ベクレル（Bq）であり、同原発の ALPS 処理水からの年間排出量（22兆 Bq 未満）の800倍以上になると予想される。[*13]

表2-1　排水中の放射性物質の量

核　　種	年間放出量(Bq/y)
トリチウム（水素3）	1.8×10^{16}
ヨウ素129	4.3×10^{10}
ヨウ素131	1.7×10^{11}
その他（α放射体）	3.8×10^{9}
その他（β、γ放射体）	2.1×10^{11}

出典：日本原燃、再処理事業所再処理事業変更許可申請書、4-5-96頁（2001）

表2-2　排ガス中の放射性物質の量

核　　種		年間放出量(Bq/y)
クリプトン85		3.3×10^{17}
トリチウム（水素3）		1.9×10^{15}
炭素14		5.2×10^{13}
ヨウ素129		1.1×10^{10}
ヨウ素131		1.7×10^{10}
その他の核種		
	α線を放出する	3.3×10^{8}
	α線を放出しない	9.4×10^{10}

出典：日本原燃、再処理事業所再処理事業変更許可申請書、7-4-9頁（2001）

（3）事業の遅れ

　前述のように再処理工場は当初計画では、1997年に完成予定であったものの、それから25年以上経た今日でも本格操業に至っていない。このような遅れは民間事業では他に類例がないと思われる。

　当初の最大の技術的課題はガラス固化体製造装置のトラブル対応にあった（図2-3）。2007年11月にガラス固化試験が始まるとすぐに、ガラス溶融炉内の溶融ガラスの粘度が高まり試験は中断した。その後、溶融ガラスの流化ノズル

の部分の温度を上げる改良で、流下できるようになった。ところが、せん断後に溶解しなかった固形物を入れて試験を行ったところ、一部の固形物が溶融炉の底に溜まってしまった。これを攪拌棒で除去しようとしたところ、棒が曲がって溶融炉の外壁を損傷し、耐火レンガがはげ落ちた。この対策には5年余りを要し、性能確認試験は2013年にようやく終了した。[14]

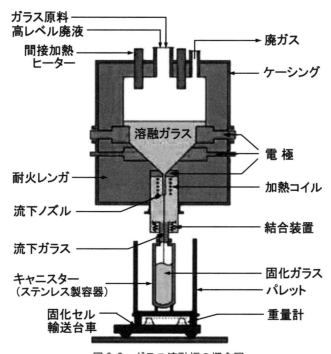

図2-3　ガラス溶融炉の概念図
出典：日本原燃、ガラス固化技術の確立から新型ガラス溶融炉の開発へを一部改変

　その後の開始事業の遅れは、福島第一原発事故を受けて設けられた新規制基準の対策対応によるもので、地震対策、風速100メートルに耐えられる竜巻対策、火山の噴火による降灰対策、重大事故対策などが進められている。[15]

　2020年に原子力規制委員会が、2016年に提出された日本原燃の新規制基準対策案、「再処理の事業の変更許可申請書に関する審査書（案）」に対する一般からの意見聴取を行ったところ、再処理工場の度重なるトラブルと事業の遅れを理由に、日本原燃の技術力に対する批判が相次いだ。これに対して原子力規制

委員会は、「絶対にトラブルが起こらないと考えて対応するのではなく、むしろ起こる可能性を排除せず、その都度安全性への影響を踏まえ、事業者が適切に対応することを確認していくことが重要」として、2020年7月に年日本原燃の再処理事業申請を承認した[16]。

しかし、その後も対応工事の遅れが生じた。増田原燃社長は、「再処理施設の工事の計画にあたって、原子力発電所のイメージを持ちすぎていた」、「私のマネージメントの悪さが原因だ」と述べている[17]。以前から、原燃には当初から電力会社などからの出向人員が多いため、対応がその場しのぎになる危険性が指摘されていた[18]。その後、出向者の割合が減ったものの、結果的に組織問題が未解決のままになっている可能性が否定できない[19]。

再処理施設の完成時期が遅れる中で、もっとも資金を要する再処理工場の経費も拡大した。発足当時、再処理工場の建設費用は1989年に7600億円（直接工事費5700億円、間接工事費1900億円）とされていたが、2021年現在で事業総額は、その19倍の14.44兆円となっている[20]。

（4）おわりに

六ヶ所再処理施設は立地経緯からわかるように、青森県にとっては、「むつ小川原開発」プロジェクトの代替事業として重要な位置づけにある。また、電力業界にとっても、低レベル廃棄物処分場・ウラン濃縮事業・ガラス固化体貯蔵事業などの重要事業との抱き合わせ事業として、不可欠な事業となっている。しかし上記のように、事業そのものは技術的なトラブル、福島第一原発事故後の規制変更への対応も含めて26回も運転開始が延期され、さらに建設費の高騰が進んでいる。核燃サイクル政策の要として位置付けられている施設として、まさに重要な岐路に立たされているといえるだろう。

参考文献と注

＊1　https://www.jnfl.co.jp/ja/company/facility/、2023年6月20日閲覧.

＊2　日本原子力文化財団、原子力総合パンフレット2022年度版、第2章10 (2023.1 改定).

　　https://www.jaero.or.jp/sogo/detail/cat-02-10.html、2023年6月20日閲覧.

＊3　日米原子力協定の1988年改訂と日本の再処理問題については、原子力技術史

研究会編、福島事故に至る原子力開発史、第6章、中央大学出版部 (2015) を参照。

＊4　原子力研究開発利用長期計画については、次のウエブサイトを参照。

http://www.aec.go.jp/jicst/NC/tyoki/tyoki_back.htm 、2023年6月20日閲覧.

大塔容弘、日本の再処理の歴史を振り返る、**日本原子力学会誌**、第61巻、第4号、63-65頁 (2019) には、初期の再処理の内実と日米協定との関係が示されている。

＊5　検証むつ小川原 巨大開発30年の決算7、東奥日報、2000年3月5日朝刊.

＊6　この時期に、鹿児島県の徳之島が再処理施設の候補地になったとされ、地元で激しい反対運動が展開された。これは1979年の原子炉等規制法の改正前のことで、民間の徳之島興行が、コンサルタント法人の日本工業立地センターに調査を依頼したものだった。1976年10月の衆議院科学技術振興対策委員会で、通算産業省の有岡恭助立地公害局工業再配置課長が、「特に国と何ら関係はない」と回答しているように、この節で記述している国の政策に位置づいたものではなかった。1980年3月の参議院科学技術振興対策特別委員会でも、同様な答弁が資源エネルギー庁審議官の児玉勝臣より行われたが、日本社会党の吉田正雄は「納得できません」と応じた。なお、樫本喜一、核燃料再処理工場問題のパースペクティブ―徳之島立地計画とその反対運動―、**年報　科学・技術・社会**、第25巻（2016）、77-106頁などで、樫本は背後にあった国の思惑との関係を追及している。

＊7　奥尻に再処理工場計画、東奥日報、2006年5月29日朝刊.

＊8　この段落については、以下の文献を参照した。

鎌田慧、六ケ所村の記録（上・下）、岩波現代文庫 (2011); 舩橋晴俊、長谷川公一、飯島伸子編著、巨大地域開発の構想と帰結 むつ小川原開発と核燃料施設、東京大学出版会 (1998).

＊9　日本原燃の次のホームページを参照.

https://www.jnfl.co.jp/ja/business/about/cycle/summary/process.html/、2023年6月20日閲覧.

＊10　日本原燃、よくあるご質問.

https://www.jnfl.co.jp/ja/business/monitoring/faq/、2023年6月26日閲覧.

＊11　日本原燃、再処理事業所再処理事業変更許可申請書、4-5-96, 7-4-9頁 (2001).

この資料は国立国会図書館デジタルコレクションに含まれており（請求記号Y991-685）、インターネットで閲覧、部分印刷できる。

＊12　同上申請書、7-5-102頁.

* 13　環境省のホームページによると、福島第一原発から放出予定のアルプス処理水に含まれるトリチウムの年間放出量は、22兆Bq未満である。

https://www.env.go.jp/chemi/rhm/r4kisoshiryo/r4kiso-06-03-09.html、2023年6月26日閲覧.

　この数字は事故以前の原発からの放出管理目標値をそのまま用いたものである。この点は鈴木達治郎氏にご教示いただいた。

　なお、再処理施設から環境へ放出される放射性物質の放出管理目標値は、2018年に変更された。この点は、脱稿後に田窪雅文氏からご教示いただいた。

日本原燃、2018年4月26日定例社長記者懇談会挨拶概要. https://www.jnfl.co.jp/ja/release/president-talk/2018/201804.html、2023年9月1日閲覧.

日本原燃、六ヶ所再処理施設における新規制基準に対する適合性安全審査.https://www2.nra.go.jp/data/000310614.pdf、2023年9月1日閲覧.

　この変更は、使用済燃料の冷却期間を、受け入れ前の期間1年を概ね12年に、せん断前の期間4年を15年とするもので、その結果、上記資料の1-3頁の表2にあるように、液体廃棄物に含まれるトリチウムの年間放出量は9.7×10^{15}Bqとほぼ半減され、福島第一原発からのALPS処理水の「440倍以上」に低減される。気体廃棄物については、同資料1-2頁の表1を参照。

* 14　日本原燃、ガラス固化技術の確立から新型ガラス溶融炉の開発へ.

https://www.jnfl.co.jp/ja/special/highest-technology/development-glass-melter/、2023年6月26日閲覧.

* 15　日本原燃、パンフレット　再処理工場の安全性向上に向けた取組みについて(2021年3月).

https://www.jnfl.co.jp/ja/special/our-maximum-priority/、2023年6月26日閲覧.

* 16　原子力規制委員会、日本原燃株式会社再処理事業所における再処理の事業の変更　許可申請書に関する審査書（案）に対する科学的・技術的意見の募集について (2020).

https://www.nra.go.jp/procedure/public_comment/20200514_01.html、2023年6月26日閲覧、原子力規制委員会、日本原燃（株）に再処理事業所における再処理の事業の変更を許可.

https://www.nra.go.jp/disclosure/law_new/REP/180000052.html、2023年7月13日閲覧.

＊17　NHK 青森 WEB NEWS 再処理工場 完成時期延期 日本原燃 県へ報告 (2022). https://www3.nhk.or.jp/lnews/aomori/20220907/6080017393.html、2023 年 7 月 13 日閲覧.

＊18　舘野淳、飯村勲、立石雅昭、円藤正三、原発より危険な六ヶ所再処理工場、本の泉社 、50-54 頁　(2017).

＊19　総合資源エネルギー調査会 原子力事業環境整備 検討専門 WG 第 2 回会合 資料 4、日本原燃、日本原燃の事業を支えている原動力について (2015).
https://www.meti.go.jp/shingikai/enecho/denryoku_gas/genshiryoku/genshiryoku_jigyo/pdf/002_04_00.pdf、2023 年 7 月 13 日閲覧.

＊20　大島堅一、コスト問題からみた原子力発電の現在、**学術の動向**、第 27 巻、第 4 号、59-63 頁 (2022).
使用済燃料再処理機構、再処理等の事業費について、2021 年 6 月 25 日.
https://www.nuro.or.jp/pdf/20210625_10.pdf、2023 年 7 月 14 日閲覧.

第2節　世界の再処理施設の事故例

　再処理施設とは使用済み核燃料を解体溶解して、これをプルトニウム・高レベル放射性廃棄物・燃え残りのウランに分離するための施設であるが、その本来の目的はプルトニウムを取り出すことにある。歴史的には、プルトニウム生産炉（天然ウラン黒鉛減速炉）で生産されたプルトニウムは、高濃縮ウランと並んで原爆製造の原料である。このように純軍事技術として出発した初期の再処理施設では、正常の操業においても大量の放射能を環境に垂れ流し、あるいは放置するなど、今日の観点からすれば環境犯罪ともいうべき設計・操業が平気で行われていた。

　本節では、1970年ごろから民生用として運営されるようになった再処理施設の事故例について述べる。ただし、軍事用・民生用といっても施設の運用は連続的に行われている場合が多く、明確に区分できない場合が多い。

（1）再処理施設事故の特徴と事故例

　現存する再処理施設はほとんどが、溶媒抽出法の一種であるピュレックス法を用いる化学工場である。第2章第1節でも述べたように、同法は硝酸を用いて使用済み燃料（金属ウランまたはウラン酸化物）を溶解し、これを有機溶媒（リン酸トリブチル（TBP）をケロシンで希釈したもの）に接触させ、ウラン・プルトニウム・核分裂生成物（FP）の分離・精製を行う。これらのうち、硝酸は腐食性の強酸であり、容器・配管等の腐食破損の原因となる。有機物はいずれも可燃性（ケロシンは石油留分の一種）であり、火災の原因となる。さらに、FPからの放射線が有機物と硝酸の混合物に当たるとニトロ化合物が生成するが、これはトリニトロトルエン（TNT）などと同様に爆発性の物質である。

　放射線はまた、水や有機溶媒を分解して可燃性・爆発性の水素ガスを発生する。火災や爆発で工場の封じ込め機能が失われると、放射性物質の環境への漏出を引き起こす。プルトニウム化合物の水溶液は一か所に一定量が集まると、「臨界」となって大量の中性子が発生し、従事者や近隣住民に深刻な被曝をもたらす。また事故・故障を修理しようとすれば、従事者の被曝という高い代償を払わなければならない。

このように再処理施設は、まさに「危険がいっぱい」の工場であり、通常の民間化学工場の認識からすれば設置が許可されること自体が不思議ともいえる。世界の再処理施設でこれまでに発生した事故は大別すると、①漏洩（ろうえい）事故、②火災爆発事故、③臨界事故に分類されるが、その年代別の発生件数を表2-3に示した。臨界事故に関しては1999年茨城県東海村で起きたJCO核燃料加工工場で発生した1件を除いては、さすがに1980年代以降は発生していない。しかし火災爆発や漏洩事故は、依然として近年も発生している。

表2-3　世界の再処理施設の事故—年代別種類別分布

	1950年代	1960年代	1970年代	1980年代	1990年代	2000年代	合　計
臨　界	3	3	2		1		9
火災爆発	4	1	2	2	6		15
漏　洩	2		12	9	6	1	30
合　計	9	4	16	11	13	1	54

出典：IAEA, Significant Incident in Nuclear Fuel Cycle Facilities, IAEA-TECDOC-867 (1996)を一部改変

（2）漏洩事故

六ヶ所再処理工場が稼働した場合、どのような事故が最も起きやすいのだろうか。筆者は漏洩事故だと考える。ちなみに、六ヶ所再処理工場の配管の総延長は1500キロメートル（km）あるといわれている。配管の接続部分、弁などから漏洩する可能性は極めて大きい。

以下、代表的な漏洩事故例を述べる。

① 英国・THORP再処理工場大量放射能漏洩事故（2005年）

THORP（Thermal Oxide Reprocessing Plant）は、英国・セラフィールド（旧称ウィンズケール）に建設された年処理能力1200トン（t）の商用再処理工場で、1997年に稼働開始し、国内外の使用済み燃料の処理を行ってきた。建設当初の所有会社はBNFL（British Nuclear Fuel Limited、英国核燃料公社）で、事故直前にBNFL内の廃止措置部門BNG（British Nuclear Group、英国原子力グループ）に変わった。事故の経緯は以下のとおりである[*1]。

同工場の前処理施設で2005年4月20日、清澄槽から計量槽へと向かう配管

が破損し、ステンレス内張りのセル内へ大量の放射性溶液の漏れ出していることが発見された。漏洩した溶液は160キログラム（kg）のプルトニム、22tのウランを含む約8万3000リットル（L）である。漏洩は前年の8月28日から始まっていたが、約8か月発見されないままに放置されていた。原因は、溶液の重量を計るために天井から吊り下げられていた計量槽へ接続している配管が、槽を撹拌（かくはん）する際の振動により金属疲労を起こして破断したためと考えられている。

　英国安全衛生庁 HSE（Health and Safety Executive）はこの事故について、「調査の結果同社（BNG）がライセンス条件に違反したことが判明した。これらの侵害のうち3件は重大なものであり、長期間にわたって継続し、（中略）これらの違反は重大な犯罪に相当した」と強く批判している。ここで3件とは、①指示命令書を作成したがそれに従わなかった、②安全システムの機能の確認を怠った、③放射性物質閉じ込めの確認、漏洩発生の場合に検出・通報されることの確認を怠った、である。

　違反は裁判にかけられ、「2006年10月16日同社は総額50万ポンド（約1億円）の罰金が課せられた[*2]」。この事故で環境汚染はなかったとされているが、事故による経済的打撃は深刻だった。THORP は2018年操業終了が決定された[*3]。

② そのほかの漏洩事故

　セラフィールドには上記 THORP 工場が建設される前から、B204、B205の2基の再処理施設が操業していた。これらは、1979年3月15日、1983年11月10日、1986年1月23日などしばしば放射性溶液の漏出事故を起こしており[*4]、通常の操業やこれらの事故の結果、当時のアイリッシュ海の放射能汚染は深刻であったことが報告されている[*5]。特に1979年のケースでは数年間漏洩が発見されず、この間に1ペタベクレル（PBq、P は10の15乗）の放射能が流出したとされている。漏出に「気が付かず」長期間放置されていた点では、THORP 事故と共通しており、きわめて高濃度の放射性物質を扱っているこの企業の体質的問題があるといえよう。

（3）火災爆発事故

　以下、代表的な火災爆発事故例を述べる[*6]。

① 米国・サバンナリバー再処理施設の蒸発缶および脱硝器爆発事故
　　（1953年）
　この軍事用再処理施設で、硝酸ウラニル溶液濃縮中に蒸発缶が爆発した。原因は、供給液中に大量の有機溶媒（TBPおよびケロシン）が混入して缶内が高温となり、TBP‐硝酸ウラン錯体の熱分解（爆発）反応が生じたことである。この事故で運転員2人が負傷した。
　同施設では1975年にも、脱硝器にTBP‐硝酸ウラン錯体が混入し、分解によって生じた可燃性ガスが爆発している。

② 旧ソ連・キシュテム軍事用再処理施設の高レベル廃液貯槽爆発事故
　　（1957年）
　ウラル山麓キシュテム市東方のマヤーク核兵器生産コンビナート（チェリャビンスク-65）で発生した大事故で、74PBqの放射性物質が広く環境中に放出され、3万4000人が被曝したといわれる。生物学者で歴史家のジョレス・メドベージェフは、この事故を「ウラルの核惨事」として紹介した。[*7]
　原因は、高レベル液体廃棄物のタンクの冷却装置が故障して硝酸ナトリウムと酢酸塩の残留物の温度が350℃に達し、化学的爆発が発生したこととされる。硝酸化合物を扱うことの恐ろしさが身に染みて感じられる事故である。

③ 英国・ウイーンズケール（現セラフィールド）
　　再処理施設抽出工程の溶媒発火事故（1973年）
　工程内にある有機溶媒供給機の底に、不溶性残渣がたまったことが引き金となった。不溶性残渣は工程休止中に、放射性ルテニウムの崩壊熱で高温になり、そこに有機溶媒が流入して発火した。この事故で放射性エアロゾル（セシウム、ルテニウム等を含む）が流出し、運転員ら35人が被曝した。

④ ベルギー・モル・ユーロケミック再処理工場
　　アスファルト固化施設火災事故（1981年）
　同施設は1974年閉鎖されたが、廃棄物の処理は継続中であった。不明な点も多いが、濃縮廃液のスラリーに含まれるTBP残渣やイオン交換樹脂とその

ニトロ化合物による発熱が、事故の原因と考えられている。

⑤ ロシア・トムスク再処理施設抽出工程調整槽の爆発事故（1993年）

秘密都市トムスク-7(現在名セーベルスク)にある軍事用再処理施設で、再処理工程中に起こった事故である。分離不十分なプルトニウムを含むウラン水溶液から、再度プルトニウムを抽出・回収するための酸濃度調整タンクで、爆発が発生した。タンク内に大量に存在する有機溶媒と硝酸が異常な発熱反応を起こし、有機溶媒の熱分解によって爆発が生じ、建屋も破壊された。放出された放射能量は1.5テラベクレル（TBq、テラは10の12乗）とされる。

⑥ 日本・動燃東海再処理工場アスファルト固化施設火災爆発事故
（1997年）

茨城県東海村にある旧動燃（動力炉・核燃料開発事業団）の再処理施設の一部であるアスファルト固化施設で火災が発生し、その10時間後には爆発が起こった。前述のベルギー・モル再処理工場の事故と同様、アスファルト固化体内で発熱反応が進行して温度が上昇し、さらにアスファルトと硝酸塩などが反応して火災に至ったと考えられる。

（4）臨界事故

核分裂で生成した数個の中性子のうち、少なくとも1個が次の核分裂を引き起こすよう有効に使われる（外に流出したり無駄に吸収されたりするものをできるだけ減らす）ならば、核分裂は継続して連鎖反応となり、この状態を臨界とよぶ。具体的にはウランやプルトニウムなどの核分裂性物質を、「一か所に一定量以上」集めれば臨界状態を得ることができる。

逆にいえば、臨界状態にならないようにする（臨界安全）条件は、上記の逆を行なえばよい。すなわち、①一定量以上の燃料を扱わない「質量管理」、②一か所に集まらぬよう槽などを極端に細長くする「形状管理」、③一定以上の濃度にならないようにする「濃度管理」、④中性子減速材を近づけない「減速材管理」などがある。臨界事故はこのような管理条件が無効になった場合に発生する。[8]

以下に若干の事故例を示す。[9]

① 米国・ロスアラモス国立研究所プルトニウム回収施設臨界事故 （1958年）

　この施設は、金属プルトニウム切削屑などからプルトニウムを回収する施設である。回収工程で抽出槽にプルトニウムが残留していたことに気づかず、ここに濃硝酸を入れて空気攪拌を行った。その結果、槽内は2層に分離し、上の有機層には3.3t のプルトニウム、下の水層には40グラム（g）のプルトニウムが含まれていた。

　この時点ではまだ未臨界であったが、操査員が機械式攪拌機のスイッチを入れたところ、有機層の厚さが20.3センチメートル（cm）から21.6cm に膨れ、臨界状態に達した。この時、青い閃光が走り、操査員は約120グレイ（Gy。6Gy を被曝すると99％以上が死亡する。120Gy はこの20倍）の線量を受け35時間後に死亡した。なお、抽出槽には形状管理がされていなかった。

② 日本・JCO 核燃料加工工場臨界事故（1999年）

　再処理施設ではないが、わが国で発生した事故であり、2人の従業員の方々が被曝により悲惨な死を遂げた事故であるので、簡単に記すこととした。[*10]

　同社では、高速増殖炉「常陽」の燃料製造を行なっていたが、濃縮度18.8％の濃縮ウランの水溶液を用いて作業を行う過程で臨界事故が発生した。作業の効率化を図るためにマニュアルにない方法で（作業員には臨界に関する教育が施されていなかった）、形状管理されてない沈殿槽に水溶液を次々に注入していたところ、9月30日10時35分に臨界となった。その時に青い閃光が走り、3人の作業員が深刻な被曝（それぞれ20Gy、10Gy、4.5Gy）を受けた。

　その後も臨界状態は続き、東海村は15時00分、施設から350メートル（m）の住民に避難要請を出した（中性子は工場の壁などを透過して周辺に広がる）。

　臨界停止のため、沈殿槽外周にある冷却水ジャケットの水抜き作業（被曝を避けるため作業時間を制限した）を開始、翌日6時15分に臨界が終了した。この事故により、上記3人の他に従業員169人が最大48ミリグレイ（mGy）、防災関係者など260人が最大9.4mGy、一般住民235人が最大21mGy の被曝を受けた。

　再処理工場の従業員は中性子被曝を避けるため、臨界警報が鳴った場合は、

何を行っていてもそれを放り出して避難するよう教育されている。また、臨界が続く限り、周辺住民の避難が必要となる。このような意味で臨界事故は極めて特異な事故である。

参考文献

＊1　ATOMICA、セラフィールド再処理工場の技術開発と現状.

https://atomica.jaea.go.jp/data/detail/dat_detail_14-05-01-17.html、2023年7月10日閲覧.

＊2　HSE, Report of the investigation into the leak of dissolver product liquor at the Thermal Oxide Reprocessing Plant (THORP), Sellafield, notified to HSE on 20 April 2005.

https://humanfactors101.files.wordpress.com/2016/06/report-of-the-investigation.pdf、2023年7月10日閲覧.

＊3　World Nuclear News, Reprocessing ceases at UK's THORP plant, 14 November (2018).

https://www.world-nuclear-news.org/Articles/Reprocessing-ceases-at-UKs-Thorp-plant、2023年7月10日閲覧.

＊4　IAEA, Significant Incident in Nuclear Fuel Cycle Facilities, IAEA-TECDOC-867, (1996).

https://inis.iaea.org/collection/NCLCollectionStore/_Public/27/060/27060437.pdf、2023年7月10日閲覧.

＊5　Scottish Environment Protection Agency, Radioactivity in Food and the Environment, 2000.

https://www.cefas.co.uk/publications/rife/rife6.pdf、2023年7月10日閲覧.

＊6　ATOMICA、世界の再処理施設における火災・爆発事故.

https://atomica.jaea.go.jp/data/detail/dat_detail_04-10-03-03.html、2023年7月10日閲覧.

＊7　ジョレス A. メドベージェフ、梅林宏道訳、ウラルの核惨事、技術と人間社 (1982).

＊8　山根祐一、臨界安全、原子炉の物理、第16章 (2019).

https://rpg.jaea.go.jp/else/rpd/others/study/text_data/text_each/

chap16_20191224.pdf、2023年7月10日閲覧.

＊9　ATOMICA、世界の核燃料施設における臨界事故.

https://atomica.jaea.go.jp/data/detail/dat_detail_04-10-03-02.html、2023年7月10
日閲覧.

＊10　舘野淳・野口邦和・青柳長紀、東海村臨界事故、新日本出版社 (2000).

第3節　初期の再処理施設の放射能汚染

　本節では 1940~50 年代の、平常時における軍事用再処理施設の放射能汚染の問題を中心に述べる。

　原子力発電所であれ再処理施設であれ、非密封放射性核種を取り扱う施設では、低レベルの気体及び液体廃棄物をそれぞれ法定濃度限度以下に希釈して外部に排出する。短半減期の放射性核種の場合は放射能の減衰を期待できるため、法定濃度限度以下に減衰するのを待ってから外部に排出することもある。

　複数種類の核種を含む場合は、個々の核種濃度の法定濃度限度に対する比の和が 1 を超えないことを排出条件にしている。これが「濃度規制」である。これとは別に、一定期間における排出核種の総放射能量（または施設周辺住民の被曝線量）で規制する「総量規制」もありうるが、日本では濃度規制を取り入れ、総量規制は取り入れていない。

　原子力発電所や再処理施設などでは、施設周辺に居住する一般人の受ける線量目標値（年 0.05 ミリシーベルト（mSv））に相当する排出時の年間放出量を「放出管理目標値」として保安規定で定めている。ただ、これは努力目標に過ぎず、法令上の総量規制とは似て非なるものである。諸外国の法規制に通じているわけではないが、管理の容易さから濃度規制のみを取り入れている国が多いと推察される。

　筆者はこうした法規制を完全無欠なものと考えているわけではないが、現在の法規制が整備される以前の 1940~50 年代の核兵器関連施設では、放射性廃棄物をどのように排出（または保管）していたのか。結論からいえば、核兵器関連施設はどこも例外なく放射性核種の取り扱いがずさん極まりなく、施設内及び周辺環境の放射能汚染は深刻である。なぜだろうか。

　フランスのシラク政権（当時）は、1995 年 9 月に南太平洋で地下核実験を強行する際、「死活的国益の究極的保護のための核抑止力の維持」という名言を吐いた。[*1] フランスに限らず核保有国にとって、核抑止力の維持は「死活的国益の究極的保護」のために必要不可欠なのである。それゆえ、核兵器開発は最優先事項であり、最高度の軍事機密の下に置かれて進められる。そこでは、①被害の隠蔽・放置が常態化し、②人権侵害・人命軽視が横行し、③被害の程度・

範囲が不明なままの状態になる。なぜなら被害が明らかになれば、核兵器開発を「聖域」として最優先事項で進めることができなくなる可能性があるからだ。それゆえ、核保有国政府は、被害を自ら明らかにしない傾向が強い。この結果、④核兵器関連施設はどこも深刻な放射能汚染や有害化学物質汚染、環境破壊の問題を抱えることになる。

2021年1月に発効した核兵器禁止条約第6条が「被害者に対する援助及び環境の回復」を謳っているのは、そもそも無理からぬことなのである。

筆者は世界の核兵器関連施設のごく一部を視察・調査したに過ぎないが、共通点として上記4点を実感している。加えて、⑤被害者・犠牲者の多くは先住民族・少数民族・社会的弱者・核保有国に従属する国（地域）の住民であり、核兵器開発の根底には人種差別に代表される差別の思想があると考えている。

この点は本節の主題ではないため、これ以上は触れない。

（1）米ハンフォード核施設の放射能汚染

① 重くのしかかる冷戦のツケ

クリントン政権下の1995年4月、米エネルギー省（DOE）は、冷戦時代に軍事用プルトニウムなどを製造し続けた国内の核兵器関連施設の放射能汚染を除去するため、今後75年間で少なくとも2300億ドル（1ドル140円換算で32.2兆円）が必要であるとする報告書を初めて発表した。

DOEは1989年11月に環境管理局（当初は環境回復廃棄物管理局）を新設し、議会の指示により核兵器の開発・製造・解体などを行ってきた核兵器関連施設を対象に調査を進めてきた。その結果、国内の関連施設1万500か所のうち主要81か所（30州）に関する放射性廃棄物の長期保管、汚染土壌の放射能除去、立入禁止措置のための不動産購入費などを集計したところ、2300億ドルになった。もし処理技術が進歩しない場合、約1.5倍の3600億ドル（同50.4兆円）に膨れ上がると推計している。

2300億ドルの約70％はハンフォード核施設（ワシントン州）、サバンナリバー核施設（サウスカロライナ州）、ロッキーフラッツ核施設（コロラド州）、オークリッジ研究所（テネシー州）、アイダホ研究所（アイダホ州）の5施設に要する。

報告書は「冷戦のツケを清算するには、数十か月の月日と核兵器開発に匹敵

するほどの努力が不可欠である」と指摘する[*3]。要するに、米国の核兵器関連施設はどこも深刻な環境汚染や環境破壊を引き起こしているのである。DOE はその後も何回か同様の報告書を発表しているが、大筋においてその内容や費用総額に変わりはない。

② ハンフォード核施設とは

DOE 報告書で真っ先に取り上げているハンフォード核施設は、原爆製造を目的としたマンハッタン計画の中で誕生した。同施設が建設される前のハンフォードは荒涼たる原野で、先住民を中心に千数百人が居住していた。土地を接収し、先住民などを強制移住させた地に建設されたのが同施設で、広さは約1500 平方キロメートル（km^2）ある。この地が選ばれたのは、辺境の地で軍事機密を保持しやすく、原子炉の運転に必要な冷却水をコロンビア川から取り入れることができ、上流にある水力発電所からの電力供給を期待できたからであるという。

ハンフォード核施設では、第二次世界大戦終了までに 3 基の軍事用プルトニウム生産炉（B、D、F 炉）と 3 つの再処理工場（T、B、U 工場）が運転していた。第二次大戦後に建設された軍事用プルトニウム生産炉と再処理工場を含めると、全部で 9 基の生産炉（前述の 3 基に加え、H、DR、C、KE、KW、N 炉）と 5 つの再処理工場（前述の 3 つに加え、レドックス工場、ピュレックス工場）が運転された。同施設で最後まで運転されたのは N 炉とピュレックス再処理工場で、N 炉（熱出力 400 万キロワット（kW）、電気出力 86 万 kW の二重目的炉）は 1987年 1 月、ピュレックス工場は 1990 年 3 月に運転終了・閉鎖された。かつてはサバンナリバー核施設とともに米国における核兵器製造の心臓部というべき最重要施設だったが、1990 年に同施設の役割は終わった[*3]。

③ 半端でない汚染状況

ハンフォード核施設では、9 基の生産炉をコロンビア川から 100~200 メートル（m）以内に建設し、1960 年代までは川の水を取り入れて生産炉を冷却し、誘導放射性核種を除去することなくそのまま元の川に排出していた。乱暴極まりない冷却方法で、運転期間中ずっとコロンビア川を汚染させていた。

そのため、冷却水中のリンの安定同位体（リン-31）が炉心で中性子を吸収し

て、放射性同位体のリン-32（半減期14.27日）となってコロンビア川に排出された。下流の住民約7万人について調査したところ、リン32による内部被曝が骨で最大0.5ミリシーベルト（mSv）、消化器で最大17mSvもあったことが1964~66年に明らかにされている[*4]。

ハンフォード核施設がこれまでに再処理した照射済燃料は約10万6600トン（t）[*5]、生産した軍事用プルトニウムは60.5t[*6]ある。40年以上にわたる再処理施設の運転に伴って発生した放射性廃棄物の量も放射能汚染の状況も半端ではない。放射性廃棄物についてみると、地下に埋められた巨大な177基の貯蔵タンク（1基当たり210~380立方メートル（m^3））に計8880ペタベクレル（PBq）の高レベル放射性廃液が貯蔵されている[*7~9]。

廃液といっても泥状に近いものが多く、また再処理法の違い（1940年代に運転を開始した工場はリン酸ビスマス沈殿法、1950年代に運転を開始した工場はレドックス法やピュレックス法）からアルカリ性の度合いが異なり、含まれる有機溶媒やキレート剤などの種類や量も異なるため、その取り扱いはなかなか厄介だ。177基の地下貯蔵タンクのうち初めの149基は一重殻構造だったが、1968年に二重殻構造のものが開発され、残り28基は二重殻構造のタンクである。1989年までに、149基のタンクのうち68基で廃液の漏洩があった[*10]。DOEは一重殻構造タンクから二重殻構造タンクへの廃液の移し替えを行なったが、二重殻構造のタンクからも漏洩が見つかっており、DOEも漏洩を認めているという[*11]。この他、3180PBqのストロンチウム-90とセシウム-137が二重殻構造のカプセルに入れられ、冷却用プールに保管されている[*7]。

同施設では再処理工場が運転を開始した1944年以降、放射性廃液漏れ事故が相次いで起きている。特に環境への放出量の多かったのがヨウ素-131（同8.025日）で、1944年に0.063PBq、原爆製造のために急ピッチで再処理が行なわれた1945年には200倍の12.6PBqに跳ね上がった[*12]。この結果、周辺住民27万人のうち1万3500人が330mSvを超える甲状腺被曝をした[*12]。

また、1940~50年代には放射性廃液が地面に捨てられたり地中に注入されたりした。このように処分された放射性廃棄物の総放射能は25.1PBqで、このうちストロンチウム-90が1.67PBq、セシウム-137が7.22PBqを占めていた。

米連邦議会会計検査院（GAO）は、DOEが管轄する50施設のうち、核兵器生産の中心である9施設を対象に、地下水を採取して安全性を調査した。1986

年9月に公表された GAO の調査報告書によると、ハンフォード核施設の生産炉周辺の地下水から、ストロンチウム -90 が飲料水基準の 400 倍の濃度で検出された。この他、オークリッジ研究所の核兵器部品製造工場の地下水からも水銀や、有害化学物質を含む各種溶剤が、それぞれ基準の 500〜1000 倍も検出された。[*13]

　米国では現在、ハンフォード核施設に代表される核兵器関連施設及び周辺環境の浄化（クリーンアップ）が、巨大国家プロジェクトとして DOE により進められている。巨大国家プロジェクトとして多数の科学者・技術者を動員した核兵器開発の後始末をしていることになり、何とも皮肉なことである。永年にわたる核兵器開発という愚行のツケは深刻で、米国がこのツケを被害者や周辺住民の立場にたってきちんと清算できるのかが問われている。

(2) 旧ソ連マヤーク核施設の放射能汚染

① マヤーク核施設とは

　1945 年 12 月、南ウラル地方のキシュチム近郊に核秘密都市チェリャビンスク 65（当初はチェリャビンスク 40、現オジョルスク市）と隣接するマヤーク核施設（正式にはマヤーク化学コンビナート）の建設が決められた。[*14]1946 年 9 月から始まった建設は希にみる大規模突貫工事で、1946 年 9 月時点で建設に従事していた者は 2 万 1600 人、うち郡建設部隊の兵士 8700 人・特殊移住者（詳細は不明だが、いわゆるロマ人か？）6882 人・囚人 5348 人・自由契約による労働者 670 人だったという。[*15]チェリャビンスク 65 とマヤーク核施設の広さは 23km^{2}あり、第二次世界大戦終了までに 1 基の軍事用プルトニウム生産炉（A 炉）と 1 つの再処理工場（B 工場）が運転していた。

　第二次大戦後に建設された軍事用プルトニウム生産炉と再処理工場を含めると、全部で 5 基の生産炉（前述の 1 基に加え、IR-A1、AV-1、AV-2、AV-3 炉）と 2 つの再処理工場（前述の 1 つに加え、BB 工場）が運転された。[*5]同施設で最後まで運転された生産炉は AV-3 炉で、1990 年 11 月に運転終了・閉鎖された。B 再処理工場（再処理法は酢酸ウラニル塩沈殿法）は 1960 年に運転終了したが、その後ピュレックス工場 RT-1 に改造された。[*5]1976 年から原子力発電所（主に旧ソ連型軽水炉 VVER-440）の使用済燃料の再処理を行なっている。BB 工場も

1987年まで軍事用プルトニウム生産炉からの照射済燃料の再処理を行なっていたが、その後ピュレックス工場に改造され、原子力発電所の使用済燃料の再処理を行なっている。[*16]

　米ハンフォード核施設と同様、軍事用プルトニウム生産基地としてのマヤーク核施設の役割は1989年の冷戦終了とともに終わった。なお、マヤーク核施設がこれまでに再処理した照射済燃料は約12万7000~14万[*5]t、生産した軍事用プルトニウムは40.5t[*6]ある。

② 世界一汚い川

　マヤーク核施設では、ハンフォード核施設同様に5基の生産炉を近くにある
テチャ川から水を取り入れて生産炉を冷却し、誘導放射性核種を除去することなくそのまま元の川に排出していた。テチャ川はウラル山脈の東側裾野にあるイルチャシ湖に源を発し、イセチ川に合流する全長230キロメートル（km）の川で、最終的にはイセチ川、トボル川、エルティシ川、オビ川を経て北極海に流れ出る。また、1948年12月に運転を開始したB再処理工場では、照射済燃料の再処理後に残る放射性廃液の貯蔵タンクが不足していたため、低レベル放射性廃液だけでなく高レベル放射性廃液も含めテチャ川に排出することを決定し、1949~52年まで排出したという。「排出」というと触りがよいかも知れないが、要するに「たれ流し」である。その放射能量は102PBqで、流域住民が被曝した。排出地点から数kmのところにあるメトリノ村では最高4シーベルト（Sv）、中・下流域に居住する2万8000人は0.03~4Sv、平均0.4Svの被曝をした。8000人が移住させられ、鉄条網をめぐらして川に近づけなくする措置などが講じられた。[*14]

③ 世界最悪の汚染湖

　テチャ川流域住民の被害が表面化しため、1951年10月以降、高レベル放射性廃液はB再処理工場の管理する閉鎖型の0.5 km^{2}ほどのカラチャイ湖に投棄され、その他の液体廃棄物はテチャ川に排出され続けたという。その総放射能量は4440 PBqで、気が遠くなるほどの膨大な量である。原子力開発史上最悪とされるチェルノブイリ原発事故でさえ、外部環境に放出された放射能量は、放射性希ガスとその他の放射性核種がそれぞれ1850PBq（ソ連政府発表、

1986年5月6日換算値）とされていることを考えると、何とも凄まじい放射能量である。マヤーク核施設内の地域にあるとはいえ、それをひとつの小さな湖に投棄したのである。カラチャイ湖は世界最悪の汚染湖といえる。

　1960年代になると湖は徐々に干上がり始め、加えて1967年春にこの地域で干ばつがあり湖底の一部が露出した。運悪く強風が2週間も続き、露出した湖底にある0.0222PBq（＝22.2テラベクレル（TBq））の放射性核種を飛散させ、1800km^{2}の土地が汚染された。この時には4万人の人々が被曝したという。

　1978~86年、放射性核種の飛散を防ぐため、露出した湖底を中心に約1万個の中空のコンクリートブロックで湖は埋められた。2015年11月に湖の残りの部分も埋め戻され、湖の保全作業は2016年12月に岩と土の最終層で覆われて完了したという。[16]

　この他、マヤーク核施設では、1957年9月29日、B再処理工場にある高レベル廃液の地上貯蔵用コンクリートタンク（容量300m^3）の冷却システムが故障し、タンクが爆発する大事故があった。いわゆる「ウラルの核惨事」である。再処理工場の事故例については既に舘野氏が触れているため、ここでは触れない。旧ソ連の状況は米国より不明な点が多いが、旧ソ連も米国同様に永年にわたる核兵器開発という愚行のツケは深刻で、核兵器開発に要した費用、人材、期間に匹敵するツケを清算することになる（している？）に違いない。

参考文献と注

＊1　安齋育郎・野口邦和・永田忍、Q&A核兵器のない世界を、かもがわ出版 (1996).

＊2　国際反核法律家協会、核兵器禁止条約逐条解説（改訂版）(2022).

＊3　この部分の記述は、野口邦和が執筆した「放射能汚染工場＝ハンフォード」（中島篤之助編、地球核汚染、第2部4、リベルタ出版 (1995) 所収）によるところが大きい。

＊4　吉田文彦、核解体、24頁、岩波新書 (1995).

＊5　高橋啓三、再処理技術の誕生から現在に至るまでの解析および考察、本原子力学会和文論文誌、Vol.5, No.2, pp.152-165 (2006).

＊6　核戦争防止国際医師会議＋エネルギー・環境研究所、プルトニウム、田窪雅文訳、42頁 (1993).

＊7　核戦争防止国際医師会議＋エネルギー・環境研究所、前掲書、80 頁.

＊8　「ペタ（記号 P)」は単位の接頭語で「10^{15}」を意味する。1PBq ＝ 10^{15}Bq である。

＊9　放射性核種の種類と放射能量が不明であるが、放射能的にはセシウム -137 とストロンチウム-90 が主と考えられるため、現在の放射能量は本文記載の放射能量の半分程度に減衰していると考えられる。他の箇所の放射能量についても同様である。

＊10　ジェームズ・パスレー、写真でみる、アメリカで最も汚染された核施設「ハンフォード・サイト」、BUSINESS INSIDER、Oct.01 (2019).

＊11　朝日新聞、2014 年 1 月 31 日付け夕刊.

＊12　吉田文彦、核解体─人類は恐怖から解体されるか─、23 頁、岩波書店 (1995).

＊13　吉田文彦、前掲書、19 頁.

＊14　この部分の記述は、日高三郎が執筆した「極秘にされた核惨事＝チェリャビンスク」（中島篤之助編、地球核汚染、第 2 部 6、リベルタ出版 (1995) 所収）及びウラル・カザフ核被害調査団編、大地の告発、リベルタ出版 (1993) によるところが大きい。

＊15　市川浩、ソ連核開発全史、41 頁、筑摩書房 (2022).

＊16　ATOMICA、プルトニウム生産炉 (2007).
https://atomica.jaea.go.jp/data/detail/dat_detail_03-04-11-04.html、2023 年 7 月 10 日閲覧.
ATOMICA、ロシア連邦の再処理施設 (2004).
https://atomica.jaea.go.jp/data/detail/dat_detail_04-07-03-18.html、2023 年 7 月 10 日閲覧

コラム
軽水炉でプルトニウムを燃やすプルサーマル、メリットはあるのか

「核燃料の再処理によって使用済み燃料中のプルトニウム（Pu）を取り出し、MOX 燃料（ウラン－プルトニウム混合酸化物燃料）を作って軽水炉で燃やす。このプルサーマル[*1]を行えばウラン資源の有効利用となる。だから再処理は必要なのだ」という主張がある。これは正しいのか、技術的観点から検証してみよう。

①プルサーマルのメリットはごくわずか──だから再処理は引き合わない

天然ウラン（U）には核分裂性の（燃える）U-235 は 0.7％しか含まれておらず、残りの 99.3％は燃えない U-238 である。軽水炉燃料は、U-235 を 3％程度に濃縮して作られる。これを軽水炉で燃やすと U-235 の 2％が燃えて 1％は残り、U-238 が中性子を吸収して 1％のプルトニウムが生じる（使用済み燃料）。これを再処理してプルトニウムを取り出し利用すれば、再処理せずそのまま廃棄する場合に比べて、最大 1.5 倍程度の資源の有効活用ができる。しかし、これをさらに再処理（つまり使用済み MOX 燃料の再処理）してそのプルトニウムが利用できるかというと、以下に述べる質の劣化のため困難である。

一方、高速炉を利用した場合は、U-238 を原理的にはほとんどプルトニウムに変えて利用できる。そうすれば、軽水炉の 100 倍近い資源の有効利用ができることになる。とはいえ再処理工場は大事故の危険性が高く（第 2 章第 2 節）、経済的負担もきわめて大きいため（第 2 章第 4 節）、よほど大きなメリットがなければ引き合わない。資源が 100 倍になる高速炉利用はともかく（もちろん大事故が起きることは許されない）、プルサーマルのための再処理は論外である。

②燃えないプルトニウムがたまっていく── プルトニウムの高次化

原子炉内で生成するプルトニウムは、Pu-238・Pu-239・Pu-240・Pu-241・Pu-242 の同位体（同じ元素だが、中性子数が違うので重さ（質量数）が異なる。数値は質量数）からなる複雑な組成を持っている。一般に質量数の大きなプルトニウムが生成することを、プルトニウムの高次化という。プルトニウム同位

体のうち 239 と 241 は燃えやすい（つまり燃料として価値がある）が、238・240・242 は燃えにくい（燃料として価値がない）。生成したプルトニウムが燃えやすいか否かはその同位体組成によって決まり、燃えやすさを定量的に表す方法として等価フィッサイル法がある（詳しくは参考文献＊2を参照）。

Pu-239 の等価フィッサイル（数字が大きいほど燃えやすい＝燃料としての価値が高い）を 100 としたとき、ウランの使用済み燃料から再処理して取り出したプルトニウムは 55、プルサーマルの使用済み MOX 燃料から再処理によって取り出したプルトニウムは 38 と大幅に低下していく。つまり、プルサーマルを行うとプルトニウムは高次化し、燃料として価値のないプルトニウムが蓄積していく。

③高レベル廃棄物中の超長寿命元素 ── 超ウラン元素が増大する

高レベル廃棄物中に含まれる放射性元素は、ストロンチウムやセシウムのように半減期が数十年の核種と、超ウラン元素（TRU）と呼ばれる半減期が数万〜数十万年の核種に大別される。プルサーマルを行ってプルトニウムが高次化すると、アメリシウムやキュリウムなどの TRU が増大して、ただでさえ困難な高レベル廃棄物の処分にさらなる問題を持ち込むこととなる。

④プルサーマルは再処理工場運転の理由にはならない

プルトニウムを軽水炉で燃やすプルサーマルには、資源の有効活用のメリットは小さく、高次化した燃えないプルトニウムや超長寿命の放射性元素を生み出すという重大な問題がある。したがって再処理を前提としたプルサーマルは中止すべきであり、これを再処理工場運転の理由にすることはできない。

参考文献と注

* ＊1　本来、高速炉の燃料と考えられていたプルトニウムを、熱中性子炉（thermal neutron Reactor、軽水炉のこと）で燃やすためこの呼び名がついた。
* ＊2　岩井孝、プルサーマル使用済燃料は直接処分に、岩井孝ら、福島第一原発事故 10 年の再検証、122-127 頁、あけび書房 (2021).

第4節　迷路にはまった六ヶ所再処理工場——出口は見えるか

(1) はじめに

　日本の原子力政策の要とも位置付けられてきた核燃料サイクル政策だが、すでに述べてきたように、その合理性には科学的にも経済的にも疑問符が付く。その象徴ともいえるのが、六ヶ所再処理事業である。その規模の大きさ（建設費だけで3兆円、総事業費が14兆円を超える）をみても、単独事業としてはおそらく史上最大といってよいだろう。さらに、安全面や国際安全保障面でも、大きな潜在的リスクを抱えた巨大プロジェクトであることは間違いない。したがって事業の進展は、たんに日本だけではなく世界にも影響を及ぼす。

　しかし残念なことに福島第一原発事故以降、原発再稼働や廃棄物処分のように政策議論の俎上に上がることもなくここまで来た。六ヶ所再処理施設は前進しても後退しても、原子力政策のみならず国民生活や国際社会にまで大きな影響を及ぼす可能性がある。その影響の大きさを考えれば、今すぐにでもこのプロジェクトの「出口」を探るべきである。

　本節ではまず、六ヶ所再処理事業の変更がいかに困難であるかを探り、次に困難な中でのプロジェクト変更の可能性を検討してみる。

(2) 巨大プロジェクトの落とし穴——変えられない構造的課題

　六ヶ所再処理事業のような巨大プロジェクトは、いったん事業が走りだすと変更・中止が極めて困難となることが多い。その原因には、巨大プロジェクトを成功させるために様々な制度や仕組み、約束事が重ねられて、途中で計画が中断されないような構造が作り出されていることがあげられる。そのような構造があるから、当初と状況が変化して計画を変更する方が合理的な場合でも、変更しないまま継続されるという結果になりがちだ。

　このような「構造的課題」が、六ヶ所再処理事業ではどのように現れているか検証してみる。

① 巨大プロジェクトの債務と負担問題

巨大プロジェクトにつきものなのが、巨大財源の問題である。なぜなら、プロジェクトを永続的に進めるための財源を十分に確保するには、信頼できる資金提供と途中で資金調達が途切れない仕組みが必要だからである。

六ヶ所再処理事業は、民間事業とはいえ政府の政策に従って行うため、巨大な投資に必要な資金供与を日本政策投資銀行が担当している。日本政策投資銀行は、六ヶ所プロジェクトが設立するきっかけとなった「むつ小川原開発」にも関与していた。政策投資銀行融資の大前提は、「政府の政策」という責任を伴う約束と「（原発を有する）9電力会社による債務保証」であった。したがって、この二つの前提のうちどちらが欠けても融資の条件が崩れて、事業への資金供与が継続できなくなる。

それだけではなく、即刻、債務負担の問題が出てくる可能性もある。9電力会社が債務保証しているのだから、政府または電力会社の責任で事業継続できなくなった場合、まずは9電力会社に債務負担の責任が生じる。さらに、政府の責任で事業継続ができなくなった（すなわち政府の政策が変更になった）場合、9電力会社は政府に対して債務保証の肩代わりを求めることが起こりうる。

そういった状況にあるため、電力会社からはもちろんのこと、政府が政策変更を言い出してもただちに債務負担が生じることになる。したがって、そのような行動にでることは不可能ではないにせよ、実際には難しいことになる。

ところで、六ヶ所再処理事業の当事者である日本原燃（株）の株主構成をみると、9電力会社が主要株主であるほかに、東芝・日立・三菱重工といった主要メーカーを含む74社もの原子力関連会社が参加している。[*1] しかも東芝・日立・三菱重工は、参加するだけでなく役員も送り込んでいる。要するに、本来は受注する対象であるはずの企業が株主で、しかも役員として責任を負う立場になっているのである。これでは受注企業へのコスト管理が困難になるのも当然で、建設費や事業費用は膨張していく。そうなってしまうと関連会社からも、事業変更や中止を言い出す理由が存在しなくなる。

こうした状況を一言で表すと、「巨大プロジェクトには、永続的に事業が継続する仕組みが内在する」となる。逆に言えば、事業が巨大になればなるほど、責任主体である政府や電力会社からは、政策の変更や事業からの撤退を言

い出しにくくなる、ということである。巨大プロジェクトが抱える構造的課題といえよう。

②「全量再処理」に基づく法・制度の仕組み

先に述べたように巨大プロジェクトの継続には、長期にわたる資金調達の仕組みが不可欠となる。六ヶ所再処理事業は当初、あくまでも民間事業であったため、電力会社の責任で資金調達を行うこととなっていた。このプロジェクトに必要な膨大な設備投資については、電気事業が公益事業として規制されていた1990年代までは、「総括原価方式」のもとで「資産価値」に応じた「事業報酬率」が定められ、「適正な利潤」を電気料金で回収することが認められていた。

この事業報酬の計算方法をみると、「資産価値（すなわち設備投資額）」が大きいほど、また「他人資本（すなわち負債）」が大きいほど、事業報酬が大きくなる仕組みになっている[*2]。ここまでは急増する電力需要に対応するために、電気事業者の巨大設備投資の継続を可能とするための仕組みとして、多くの国が電気事業の規制下で採用していた。しかし日本の場合はさらに、再処理費用はコストではなく、回収されるウランとプルトニウムが「資産」として計上される考え方をとっていた。そうなれば、再処理費用が増加すればするほど「資産価値」は増加して、さらに事業報酬もどんどん増大していく[*3]。こうした仕組みのもとで、六ヶ所再処理事業のような巨大プロジェクトの資金も、電気料金として確実に回収できたわけである。

しかし、電力自由化制度が導入された1990年代後半から、一部の市場では打ち出の小槌のような「総括原価方式」は認められなくなった。この結果、六ヶ所再処理事業に対する不安が増大し、電力会社の中にも事業の成立性に疑問がでるようになった。これを踏まえて経産省は2005年に制度変更を行い、六ヶ所再処理事業にかかわる費用の計上について、それまでの引当金（負債となる）から積立金（資産となる）に変えた。あわせてその透明性を図るため、外部の「資金管理法人」に積立金を管理させる方式とした[*4]。

これにより、当面は六ヶ所再処理事業の資金調達が安定化できた。さらに、もし再処理事業が継続できなくなると、理論上はこの「資産」が一挙に「負債」となってしまうので、電力会社としては当然ながら事業を継続するしか選

択肢はなくなる。

　とはいえ、「全量再処理」を継続しようとすれば、六ヶ所再処理事業以降も再処理費用を確保する必要が出てくる。そのため経産省は、電力市場が2016年4月以降は全面自由化となることもあって、新たに「再処理等拠出金法」を同年に成立させた。この法律により、将来、もし電気事業者が資金を負担できなくなったとしても再処理事業を継続できるよう、「使用済み燃料発生時にその再処理費用」を「拠出金」として拠出することが電力会社の「義務」となった。その結果、拠出金はもはや電力会社の「資産」とは計上されず、あらたに設立された認可法人「使用済燃料再処理機構」が所有・管理することとなった。

　再処理等拠出金法の成立によって再処理は国の認可事業となり、民間事業での意思決定にかかわらず国の管理事業として位置付けられた。すなわち、再処理事業は国の政策が変わらない限り、未来永劫継続することとなったのである。

　この他にも原子炉等規制法のもとで、電気事業者は使用済み燃料の最終処分法を明記する必要があり（第2章第3節を参照）、全量再処理政策のもとでは再処理以外の処分法を描くことはできない。また「特定放射性廃棄物（高レベル放射性廃棄物）の最終処分に関する法律」は、「特定放射性廃棄物」を「再処理に伴い有用物質を分離したもの」と定義しており、使用済み燃料は含めていない。したがって、この法律を改正しない限り使用済み燃料の直接処分は認められず、現状では貯蔵後は再処理しか選択肢がないのである。

③ 立地自治体（青森県・六ヶ所村）との約束

　民主党政権の原子力政策は当初、政府としては原発ゼロを目指すのであれば、全量再処理政策からの変更もやむなし、としていた（第4章第2節を参照）。ところが、青森県六ヶ所村議会が「再処理路線の堅持を求める意見書」を出したことがきっかけで、全量再処理路線を維持することとなってしまった。この意見書は、青森県及び六ヶ所村と再処理事業の切り離せない関係をよく示している。

　歴史的経緯から言っても、青森県・六ヶ所村にとって六ヶ所事業は「むつ小川原開発」の代替プロジェクトとしての意義がある。また、青森県と六ヶ所村

は「政府がその継続に全面的責任がある」との立場であり、このことからの当然の帰結として「政府が核燃料サイクルを変更した場合のすべての責任は政府にある」との立場をとっている。歴代の政権はこのことを認めて、政府は常に「核燃料サイクルの継続」を約束してきたのである。

④ 巨大プロジェクトの惰性

一般的に、六ヶ所再処理事業のような巨大プロジェクトの企画や運営に携わる「巨大組織」は、例え状況がかわってもプロジェクトの目的を正当化し続け、さらに過去の決定に基づく事業を拡大していく傾向にある。一例として、同じく再処理事業を行っている英国の THORP（Thermal Oxide Reprocessing Plant。セラフィールドに建設された商用再処理工場で、詳細は第2章第2節を参照）プロジェクトを分析した「核の軛」は、巨大プロジェクトが陥る「罠」として以下の6つを挙げている。

1) **退却より前進**：組織としては前進するほうが望ましいと考える傾向がある
2) **仕組みの固定化**：契約や法制度などで過去の意思決定に基づく仕組みを固定化させる
3) **確実性の神話化**：プロジェクトは必ず成功すると信じる
4) **事業の政治化**：市場原理から離れて、政治的・法的な領域に移行する（経済的に非合理でも政治的・法的には合理的）
5) **約束の連鎖化**：一つの約束が次の約束につながり、約束を変更できなくなる
6) **埋没コストと事業の拡大**：すでに投資してしまったコスト（埋没コスト）にとらわれ、継続するほうがコストは少ないと判断する

これらは、現在の六ヶ所再処理事業にそのまま当てはまる。また、過去にも類似の巨大プロジェクトであるカナダのハイドロ・ケベック社による巨大ダム、英仏のコンコルドなどで同様の傾向が明らかになっている。これらはいずれも、状況が変わった後も計画を変更できずに継続して、ついには大きな経済的損害を生んでいる。[*10]

⑤ 狭い意思決定プロセス

多数の組織や利害関係者が意思決定に絡むと、しばしば意見の統一が難しくなり、進展に障害が出たり決定が遅れたりするが、こうしたことは巨大プロジェクトの運営を効率的に進めていく上でのリスクと認識される。そうなると、プロジェクトの規模が大きくなればなるほど、意思決定への関与者を制限する傾向が出てしまう。その結果、過去の意思決定に関与した個人や組織、その関係者だけで、巨大プロジェクトの継続・中止の判断をしてしまいがちになる。当然のことながら、巨大プロジェクトの利害関係者であれば、プロジェクトの「利益」を過大評価しがちであり、継続することに伴う「リスク」や「コスト」を過小評価しがちである。

要するに、「意思決定プロセスを狭めると効率が向上する」というメリットは、「多様な意見を反映することが難しい」というデメリットを生んでしまうのだ。その結果、巨大プロジェクトは変更・撤退が難しく、つい継続の方向に流れがちになってしまう。

（3）見えない出口を探る道——変えるためには傷つく覚悟が必要

このように六ヶ所再処理事業は、その巨大さのゆえに変更が難しく、いったん決めたらそのまま継続し続けてしまうという「構造的要因」を抱えている。それではこの「構造的要因」を、打破する方法ははたしてあるのだろうか。

打破する方法はある。ただしそのためには、①巨大プロジェクトの「変更」にも「コスト」や「損害」が発生すること、②それでもその方が社会にとって「プラス」であること、が認識できるような方法を検討する必要がある。

以下では、そのようにして「出口」に至るためのいくつかの道を検討する。

① 第三者独立組織による再評価

巨大プロジェクトに関与してきた関係者だけでプロジェクトを評価しても、過去のコミットメントを「正当化」するバイアスにかかってしまうことが明らかになっている。例えば、2005年の原子力政策大綱における核燃料サイクルの選択肢評価がそうである。ここでは一見公正に評価がされたようにも見えるが、経済評価において「直接処分」路線の方が経済的と評価されたにもかかわ

らず、「政策変更コスト」を追加することによって、現状の「全量再処理」路線が合理的であるとの判断を下した。[*11]一方、2012年の同じく原子力委員会核燃料サイクル等検討小委員会では、同様の評価手法をとったものの「政策変更コスト」の追加を認めなかったため、直接処分路線の経済的優位性が確認された。[*12]

　しかし、最終的には原子力委員会の評価は政策に反映されなかったことを考えると、やはり原子力委員会が真に「独立」した「第三者機関」ではなく、推進のための意思決定機関としてみられていたことが大きいのではないだろうか。

　当時とはまた、状況も異なっている。国会に設置された福島第一原子力発電所事故調査委員会のように、制度的にも構造的にも推進・反対といった立場からの影響を受けない「独立」した第三者機関を立ち上げて、再度核燃料サイクルの総合評価をすることで、現路線の継続とその合理性について客観的な評価がなされる可能性がある。

②「直接処分」の必要性明示と法の改正

　「全量再処理」を継続させるための様々な法律や制度によって、六ヶ所再処理事業は硬直的な「核燃料サイクル政策」にがんじがらめにされている。現実を直視すれば、研究炉の使用済み燃料・破損燃料・福島第一原発の溶融燃料など、再処理に適していない使用済み燃料はすでに多く存在している。また、使用済みMOX燃料、研究用で利用目的のないプルトニウムなども、いずれ「直接処分」を検討する必要に迫られる。

　再処理路線を全面的に否定しなくとも、「直接処分」の必要性は明らかであり、その事実をまず社会に明示する必要がある。①でのべた「第三者機関」が評価すれば、より客観的で信頼される形でその必要性が明示されることになるだろう。そうなれば、再処理撤退への法的「出口」が明らかになると思われる。

③ 意思決定プロセスの改革——より広い参加と透明性の確保

　これまで再処理にかかわる意思決定にかかわってきたのは、電力業界、政府（経産省・文科省、原子力委員会）、立地自治体、原子力産業界やそこに依存する

研究機関や研究者であり、いずれも再処理事業に関与する組織や個人である。それ以外の参加者は確かにいたかもしれないが、現実の意思決定における影響力はほぼ皆無といってもよかった。唯一の例外が、福島第一原発事故直後の、「国民的議論」という進め方であった。これによって、政府内だけでは決められなかった、「原発ゼロ」という政策決定をすることができた。

その教訓を生かし、核燃料サイクルについても「国民的議論」のような試みをするべきではないか。そのような議論を立地地方自治体で行うことも可能であり、意義がある。政府で難しければ、民間で立ち上げることもありうる。

意思決定プロセスの改革必要性は、原子力政策に限ったことではない。ただ、六ヶ所再処理事業の巨大さの割には、国民的課題としての認識が薄い。この事業の持つコストの大きさ、リスクの大きさを明示して、より多くの参加者による民主的な意思決定プロセスを構築することが望ましい。

④ 立地自治体、債務負担への対応——「軟着陸」を許す「移行期」の政策

巨大プロジェクトは変更や中止に伴う損害も大きいから、その損害を被る可能性のある人たち、特に巨大な債務負担を被る電力業界・原子力産業界や、雇用と地域振興の面で大きなマイナスとなる立地自治体にとって、プロジェクト変更や中止は受け入れがたいだろう。したがって、事業の変更に伴う損害を緩和し、新たな代替案を受け入れ実行していくための「移行期間」を設けて、「軟着陸」路線を目指すことが求められる。すでに日本では、国内石炭産業の撤退という巨大な産業撤退を政府の支援で実行した形跡がある。[*13]そのノウハウを生かして政策変更に伴って生じる損害を分析し、それを緩和させる政策を早急に検討すべきだ。

（4）おわりに

以上、六ヶ所再処理事業の構造的課題を検討してきた。この事業のように巨大プロジェクトになればなるほど、その撤退より継続につながる決定をしがちである。そして、そういった構造を根本から改革することには、多くのコストや損害を伴うことも改めて認識する必要がある。要は「進むも戻るも大きな損害は避けられない」なのである。

一方でこうなったという事実は変えられないのであって、その事実を認識し

たうえで、「できうる限り痛みの少ない選択肢」を選ぶことしか、前に道はないのである。それを避けてこのまま進み続ければ、社会にとっての損害はますます大きくなる。このことを早急に認識して、痛みを伴ったとしても「戻る」ことこそが賢明な社会の意思決定であろう。そして、このことを市民全体で共有することが重要だと考える。

参考文献

＊1　日本原燃株式会社、会社概要、2023年7月更新.

https://www.jnfl.co.jp/ja/company/about/、2023年7月19日閲覧.

＊2　経済産業省、事業報酬（レートベース・事業報酬率）について、第32回料金制度専門会合 事務局提出資料、2023年1月19日.

https://www.emsc.meti.go.jp/activity/emsc_electricity/pdf/0032_07_02.pdf、2023年7月19日閲覧.

電力自由化の後も、全面自由化に移行する期間は「総括原価方式」の継続が認められ、また規制が残されている市場では「事業報酬」制度は今も存続している。上記資料によると、事業報酬率は（自己資本報酬率）×30％＋（他人資本報酬率）×70％で計算され、約3％程度となっている。事業報酬は、（レートベース（資産価値））×（事業報酬率）−（一般送配電事業者分事業報酬）で計算されている。これに基づけば、資産価値が大きいほど、また他人資本報酬率が大きいほど、事業報酬は大きくなる。

＊3　その後、再処理コストが上昇して、ウランやプルトニウムを資産として計上することが難しくなり、1987年からは引当金として計上する方式に代わった。

村井秀樹、核燃料サイクルと再処理拠出金法における会計問題、商学研究、第34号、83-99頁 (2018).

https://www.bus.nihon-u.ac.jp/wp-content/uploads/2019/08/34_MuraiHideki.pdf、2023年7月19日閲覧.

＊4　村井秀樹、前掲書 (2018年).

＊5　正確には、「原子力発電における使用済み燃料の再処理等のための積立金の積み立て及び管理に関する法律の一部を改正する法律」、2016年9月27日.

https://elaws.e-gov.go.jp/document?lawid=417AC0000000048、2023年7月19日閲覧.

＊6　核原料物質・核燃料物質及び原子炉の規制に関する法律（原子炉等規制法）第23条第2項第8号に「原子炉設置許可申請書に使用済み燃料の処分方法」を明記することが求められている。政府はそれを確認する必要があり、現在は原子力規制委員会が確認している。なお、燃料装荷前にも使用済み燃料の貯蔵・管理について確認することが求められている。

＊7　特定放射性廃棄物の最終処分に関する法律 (2000).
https://elaws.e-gov.go.jp/document?lawid=412AC0000000117、2023年7月19日 閲覧.

＊8　青森県六ヶ所村議会、使用済み燃料の再処理路線の堅持を求める意見書、2012年9月7日.
http://www.rokkasho.jp/index.cfm/15,491,c,html/491/20120910-180634.pdf、2023年7月19日閲覧.
この意見書には、もし再処理から撤退する場合、国に対して以下の様な対処を求めていた。①イギリス・フランスから返還される新たな廃棄物の搬入は認めない、②現在、本村に一時貯蔵されている同返還廃棄物を村外へ搬出すること、③使用済み燃料の新たな搬入は認めない、④現在、本村に一時貯蔵されている同使用済み燃料を村外に搬出すること、⑤新たな低レベル放射性廃棄物の搬入は認めない、⑥現在、約25万本の低レベル放射性廃棄物を村外に搬出すること、⑦東京電力株式会社が実質上国有化されており、上記の各種廃棄物の約4割については東京電力株式会社所有のものであり、国が対処すること、⑧国策に協力してきた本村は、広大な土地と海域を失い、大事な産業を亡くした責任は国にあることから、その影響に値する損害賠償を支払うこと。

＊9　ウィリアム・ウォーカー、鈴木真奈美訳、核の軛：英国はなぜ核燃料再処理から逃れられなかったのか、七つ森書館 (2006). 原著は、Walker W., Nuclear Entrapment: THORP and the Politics of　Commitment, Institute for Public Policy Research (1999).

＊10　Maxwell J., Lee J., Briscoe F., Stewart A., Suzuki T., Locked on course: Hydro-Quebec's commitment to mega-projects, Environmental Impact Assessment Review, Vol.17, Issue 1, pp.19-38 (1997).
https://www.scopus.com/record/display.uri?eid=2-s2.0-0030615811&origin=inward&txGid=9053b60f29ae5187b7d6677b0b888bb2、2023年7月19日閲覧.

* 11　原子力委員会、原子力政策大綱、2005年10月11日.

http://www.aec.go.jp/jicst/NC/tyoki/taikou/kettei/siryo1.pdf、2023年7月19日閲覧.

* 12　原子力委員会　原子力発電・核燃料サイクル技術等検討小委員会、核燃料サイクル政策の選択肢に関する検討結果について、2012年6月5日.

http://www.aec.go.jp/jicst/NC/iinkai/teirei/siryo2012/siryo22/siryo1-1.pdf、2023年7月19日閲覧.

* 13　島崎尚子、石炭産業の収束過程における離職者支援、日本労働研究雑誌、第641号、4-14頁 (2013).

https://www.jil.go.jp/institute/zassi/backnumber/2013/12/pdf/004-014.pdf、2023年7月19日閲覧.

第 3 章

＜原子力に未来はあるのか＞
新型炉・廃棄物・戦争

第1節　小型モジュール炉とは何か、安全なのか

(1)「小型モジュール炉」概念の登場

　福島第一原発事故発生以前の1985年に、ワインバーグ等は「現在の軽水炉はコンパクトで非常に熱慣性が小さいため、異常が発生した際に極めて急激に温度と圧力が上昇する。これに対応すべく、たくさんの安全システムで修飾されており、そのことはコストに反映する」と指摘したうえで、「①再構築された安全設計、②プラントの小規模化、③格納容器の大容量化、④補助給水システムの簡素化、などの特徴を備えた新しいデザインの原発を作るべきである」と提案した[*1]。今日、福島第一原発事故に照らしてみても先見性のある指摘であったといえよう。

　米国ではスリーマイル島原発事故（1979年）以降、原発の新規建設が行われない時代が続いていた。軽水炉の改良プロジェクトは1990年代から始まっていたが（例えば、後ほど述べる IRIS 炉の設計プロジェクトは1999年に開始された[*2]）、経済性を追求してひたすら突き進んでいた原発の大型化に明確な形で「反省」が生じ、小型化への転換が提唱されるようになったのは2000年代初頭である。IEAE は2004年にウィーンで開催された「中・小型炉の将来・安全性」と題する会議で、「規模の経済を克服するためには設計の簡素化、モジュール化、量産化が必要」と述べ、小型炉の定義として電気出力30万キロワット（kW）以下を提案している[*3]。

　2011年に福島第一原発事故が起こり、軽水炉、特に沸騰水型軽水炉の「炉心溶融‐水素爆発」に至る致命的な技術的欠陥が明らかになり、安全設計を根本的に考え直す方向はもはや避けられない道となった。こうして登場した設計概念が、小型モジュール炉（small modular reactor、以下 SMR）と総称される一群の原子炉である。

　SMR は現在、①安全設計、②電気出力がおおむね30万 kW 以下の小型、③工場でのユニット（モジュール）として生産され、建設地での組み立て・据え付けを行う、という共通の特徴をもつ。また、複数個のモジュール炉をクラスターとして利用することにより、出力の異なる発電所の建設が容易にできると

いう柔軟性があるとされている。SMRはこうした特徴をもつ発電炉として定義され、これらはセールス・ポイントにもなっている。[*4]

（2）非軽水炉タイプSMR

　現在SMRと称されるものは、従来から使われている軽水炉（加圧水型炉PWRと沸騰水型炉BWR）を改良した軽水炉タイプSMRと、それ以外のタイプ（非軽水炉タイプSMR）に大別することができる。非軽水炉タイプのSMRは、古くから研究開発が続けられてきた高速炉・高温ガス炉・熔融塩炉などの原子炉に、小型化・安全重視などのモジュラー・コンセプトが結びついたものである。したがってその安全性は、高速炉・高温ガス炉・熔融塩炉の安全性に強く依存している。

　はじめに、この点も含めて非軽水炉タイプSMRの特性について述べる。

① 高速炉タイプSMR

　軽水炉は、核分裂の際に生じたエネルギーの高い中性子（高速中性子）を、水（減速材）を用いて減速して熱中性子にし、これを用いて核分裂を行わせる。ところが、高速炉では高速中性子をそのまま利用するため、高速炉では冷却材として水（減速材としても働く）は利用できず、ナトリウムなどの液体金属を用いる。

　高速炉は、マンハッタン計画に端を発する原子力開発の初期のころから、実用化が有望視されて研究開発が続けられてきた。特に消費した燃料以上に核物質（プルトニウム）を生産する高速増殖炉は、資源論の立場からも「夢の原子炉」として期待されていた。しかし、高速中性子の制御は難しく、核的な暴走（反応度事故）の懸念が常にあり、フランスのフェニックス炉は1989年から1990年にかけて原因不明の出力変動が数回発生し、これによって開発計画が放棄された。

　一般に軽水炉の場合、出力が上昇して水温が上がり、水の密度が減少したり泡が発生したりすると水の減速材として能力が低下するため、出力は低下する方向に向かい、核の暴走（反応度事故）が発生することはない（これを「負のボイド係数を持つ」という。自然現象としてフィードバックが利いて制御されているわけである）。一方、ナトリウム冷却の高速炉の場合、そのような機構はなく（大

型炉心などは場合によって、「正のボイド係数」を持つ）、核的暴走を起こす可能性がある。[*5]また金属ナトリウムは化学反応性が強く、水と容易に反応して火災を発生するため取り扱いが難しいことは、わが国の「もんじゅ」事故からも分かる。

一方、高速炉のメリットとして、高次化して燃えなくなったプルトニウム[*6]や超長寿命の高レベル廃棄物内の核種（超ウラン元素）を、炉内の中性子でより短い元素に転換できる機能を備えている。

高速炉タイプSMRとしては、Terra Power社のNATRIUM（電気出力34.5万kW）がある。この炉は1次冷却材に液体金属ナトリウム、2次冷却材に熔融塩、3次冷却材に水を用いて蒸気を発生させる。金属ナトリウムは直接水に触れないので、ナトリウム火災の危険性がないとしている。また熔融塩は巨大なタンクに溜めて、一種のエネルギー貯蔵タンクの役割を果たすとも主張している[*7]。このように熔融塩の冷却材を間に挟むことによって、直接、ナトリウム-水反応が起きる危険性は低下した点は認めてもよいが、上述の反応度事故に関しては必ずしも十分な説明はなされておらず、Lymanも述べているように安全が確保されているとは判断できない[*5]。

② 高温ガス炉タイプSMR

わが国で最初に設置された商用発電炉は茨城県東海村にある、天然ウランを燃料とする黒鉛減速炭酸ガス冷却のガス炉、コルダーホール炉であった。炭酸ガスをヘリウムに変えて、より高温を得ることによって効率化をはかり、水素製造などを目的として建設されたのが、茨城県大洗町にある原子力開発機構（旧日本原子力研究所）の高温ガス炉（試験研究炉、HTTR。熱出力3万kW、出口温度950℃）である。このようにヘリウムガスを冷却材に用い、1000℃近い高温を得る高温ガス炉タイプSMRの研究開発が、米国・中国・ロシアなどですすめられている。

HTTR炉の燃料は、直径1ミリメートル以下のウランカーバイド（ウラン濃縮度6%）などのセラミックの粒を、炭化ケイ素の膜で多重にコーティングしたものである。これは千数百度の温度に耐え、粒子内に核分裂生成物を閉じ込めることができ、この小粒子（TRISO燃料）を減速材としての黒鉛に埋め込んで燃料棒を作る。

このような構造であるため、「全電源喪失などで冷却設備が停止するような過酷な条件下でも、原子炉全体の熱容量が大きいこと、燃料の耐熱温度が高いことなどにより、特段の操作なしに原子炉は安全な状態に維持され、炉心溶融には至らない性質とされている（このような性質を、「固有の安全性を持つ」という）[*8]。高温ガス炉はこのタイプの外に、TRISO燃料の粒を黒鉛のボールの中に埋め込み、このボールを炉心内で連続的に流動させるタイプ（ペブルベッド型）もある。

　この高温ガス炉の実用化が最も進んでいるのは中国であり、実証炉（HTR-PM、ペブルベッド型。出口温度650℃、電気出力20万kW）が2021年臨界となり、送電網に接続されている（実用化されたモジュール炉の第1号）。

　高温ガス炉の問題点の一つは、炭化ケイ素で多重にコーティングしたTRISO燃料の製造費が高いという経済性にある。また再処理はほとんど不可能（技術的に想定していない）なので、燃料は使い捨てとなる。

　TRISO燃料は放射性物質を閉じ込めるとされているが、1600℃を超えると放射性物質の放出が急激に増大する。したがってこの炉の安全性について、「炉心溶融のようなことは起こらない」というのは明らかに言い過ぎである。さらに、軽水炉のような気密性格納容器がないことも問題であるという批判がある[*5]。

③ 熔融塩炉タイプSMR

　熔融塩炉では、ウランやプルトニウムではなくトリウム（それ自身は核分裂を起こさないが、中性子を吸収したウラン233が核分裂を起こす）を核燃料として用いる。トリウムのフッ化物に、リチウムやベリリウムのフッ化物を加えたものは約500℃で溶融して液状になるが、この液体を燃料として用いるのが熔融塩炉である。黒鉛製の原子炉の中にこの液状燃料を流すと、黒鉛が減速材となって核反応が起こり、発生した熱は循環する燃料とともに取り出すことができる。この極めてユニークな原子炉はわが国で古くから、旧日本原子力研究所の研究者であった古川和男氏がその開発を熱心に主張していた[*9]。

　この原子炉の推進者は、「炉外に流出すればすぐ固まってしまう」と熔融塩燃料の安全性を強調している。またトリウム燃料を用いるため、廃棄物中に超長寿命の超ウラン元素が生じないことも利点として挙げている。一方で、高温

の液体燃料は腐食性が高いこと、原子炉システムを流れる際の複雑な挙動のモデル化ができないこと、運転中に冷却が中断すると原子炉が破壊される恐れがあること、さらに運転中大量のガス状放射性物質を放出するので、これを捕捉する必要があること、などが問題点として指摘されている[*5]。

　古川氏はこれまでの原子炉の閉じ込め方針からの発想の転換をうたっているが、批判する人はこの炉の「開放性」に顔をしかめる。また液体燃料というのはあまりにもユニークすぎるのか、経済産業省の革新炉ワーキンググループの議論の中でも、このタイプのSMRは革新炉として取り上げられていない。

(3) 軽水炉タイプSMR

① 一体型加圧水炉タイプSMR

　軽水炉改良型のSMRとしては、加圧水型炉の蒸気発生器を圧力容器中に組み込んだ、一体型の加圧水炉タイプSMRがある。圧力容器と蒸気発生器を一体化することによって、両者をつなぐ配管部分がなくなり、配管破断や貫通部分の破損による冷却材喪失の危険性がなくなる。そのため、「配管破断等による冷却材喪失（LOCA）」というこれまでの軽水炉について回った事故要因がなくなり、安全性が向上するという設計思考である。具体的には、圧力容器内にある蒸気発生器内の2次冷却水は、圧力容器内を循環する1次冷却水で加熱され、蒸気となり発電機のタービンに向かう。

　開発中のこのタイプのSMRのうち、ニュースケール・パワー社のNuScale Power Modular（NPM）では蒸気発生器は炉心上部に縦型に配置されているので、圧力容器は極めて縦長の形をしている。一方、次に述べるIRIS炉（以下IRIS）では炉心の横に、外側を囲むように置かれている。

　軽水炉タイプSMRの具体例としてNuScale SMRがあるが、その設計について同社の資料は次のように述べている[*10]。

1) モジュールの電気出力7万7千kW。1次冷却水は自然対流によって炉心内を循環するため、ポンプを必要としない（パッシブ・セーフ）[*11]

2) 圧力容器内に組み込まれた蒸気発生器の菅壁を通じて熱が伝えられ、菅内の水（2次冷却水）を蒸気に変える。炉心・蒸気発生器・圧力容器・格納容器が一体化しているため、大破断冷却材喪失事故はない（図3-1）

3) 米国原子力規制委員会（NRC）に認可された唯一の SMR であり、原子炉停止に運転員操作や電源が不要

4) 原子炉の長期冷却に原子炉への注水不要で、安全のための外部電源への接続が不要

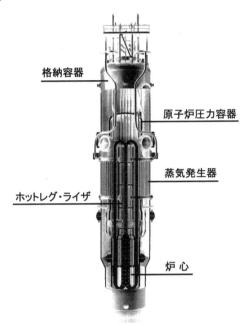

図 3-1 NuScale SMR

出典：https://www.jaif.or.jp/journal/wp-content/uploads/2021/05/reactor-module.png の図を一部改変

　軽水炉のシビアアクシデントに至る道として、冷却材喪失（LOCA）および全電源喪（ステーション・ブラックアウト）が重要であることは、福島第一原発事故をなど経て明らかになってきた。もしニュースケール・パワー社のいうように、そのいずれにも対応できるというのであればまさに「理想の軽水炉」であるが、はたして本当なのだろうか。

　それを確かめる方法は、軽水炉型 SMR でシビアアクシデントが発生するかどうか、発生するとしたらどのような条件で発生するかを、「実験」ないしは「計算」で確認することである。「計算」は、「確率論的リスク評価」を行うか、あるいは「決定論」に基づいて事故解析コードを用いて行えばよい（ここでは

確率論や決定論的事故解析の問題点については触れない）。SMR の許認可や規制を行うにしても、このような確認作業を基にした十分な知識が必要なことはいうまでもない。

NuScale SMR に関する事故解析例があればよいのだが、残念ながら見当たらない。そこで同じ一体型軽水炉タイプ SMR である IRIS 炉について ASTEC と呼ばれるコードを用いて解析を行い、シビアアクシデント（わが国の現行規制基準では重大事故）の進行過程を調べた報告[*12]を以下に紹介する。

② IRIS 炉の事故解析とシビアアクシデント

IRIS（International Reactor Innovative and Secure、革新的で安全な国際原子炉）は、ウエスチングハウス社を中心として組織された国際チームによって設計された小型モジュール炉である。このタイプは、蒸気発生器を圧力容器内に封じ込めた一体型であり、圧力容器はさらに球形の鋼鉄製格納容器内に封入されている。格納容器内には、緊急時に核反応を止めるホウ素水タンクや各種緊急注水タンク、自動減圧装置（BWR のドーナッツ状の圧力抑制室と同系のもの）が置かれている。格納容器上部には、巨大な水槽から重力で水を格納容器の表面に注入して冷却する装置（Passive Containment Cooling System、受動的格納容器冷却装置）が設置されている。

事故は、圧力容器に直接注水するために設置されている2本の配管が、いずれも同時に破断することから始まる。破断部分から蒸気と水が格納容器内に噴出し、破断後約8秒で格納容器内の圧力は1.7気圧となり、センサーが作動してスクラム（制御棒の自動挿入）が作動し、核反応は停止する。同時にタービンに向かう主蒸気管の弁が閉じて、圧力容器が分離される。

以下で、格納容器内の緊急冷却系は働かず、熱除去に役立つのは受動的格納容器冷却装置と格納容器内の圧力抑制室だけと仮定し、事故がどのように進展するかを解析した結果を述べる。

複雑な経緯は省略するが、破損後1830秒（約30分）で炉心は露出し始めて炉心溶融が始まり、その一部が落下し始める。ジルコニウム水反応によって3200~7600秒後に水素ガスが発生し、その量は616キログラムに達する。熔融した炉心（コリウム）を圧力容器内にとどめておく方策が講じられているが、これが有効に働かない場合は、33~54トンのコリウムが格納容器内のキャビ

ティと呼ばれる下部空間に落下する。炉心内の放射性物質の総量を3.79×10^{20}ベクレル（Bq）とすると、この時点で格納容器内に1.25×10^{19}Bq の放射性物質が放出される。

　なお報告者は、「最悪かつ可能性の低いシナリオを採択した」としながら、「コリウムの落下中に水蒸気爆発に続いて、格納容器の設計圧力に達するピーク圧力の発生をコードは予測した」、「格納容器ベント（放射能を含む気体を外部に放出すること）を行っても、この現象を防ぐのには十分でなかった」と述べている。さらに水素について、「原子炉建屋爆発の可能性がある、水素の格納容器から建屋への長期にわたる流出が避けられない可能性がある」とも述べている。

　要するにこの安全解析は、「きわめて可能性の低い、最悪の事態」であるにせよ、軽水炉タイプSMRは福島第一原発事故と同様な「炉心溶融→水素爆発→大量の放射性物質の環境への放出」が起きうることが否定できない、と結論づけているとみてよいだろう。

（4）結語

　岸田政権は、新エネルギー計画「グリーン・トランスフォーメーション（GX）」において「カーボンフリーを目指す」とし、「原子力の活用」をその大きな柱として既存原発の再稼働推進とともに、「次世代革新炉」の開発に取り組むことを宣言している。その次世代革新炉、つまりSMRは果たしてグリーンで安全なのだろうか。

　そもそも原子力全般に関してLyman（憂慮する科学者同盟）は、「他の低炭素資源と比較して、安全性とセキュリティに関する根本的な欠陥がある。原子炉と燃料生産や廃棄物処理のための施設は、壊滅的な事故や妨害行為に対して脆弱であり、核兵器材料の生産に悪用される可能性がある」と述べている。[*5]

　筆者はそれに、高レベル廃棄物の処分方法が未確立であることを加えるべきだと考える。さらに、ここに述べたSMRの具体的特性を考慮すれば、岸田政権の革新炉へのこの期待は甘すぎると判断せざるを得ない。

参考文献

*1　Weinberg A. M. et al., Second Nuclear ERA: A nuclear renaissance, ***Energy***,

Vol.10, pp.661-680 (1985).

https://www.sciencedirect.com/science/article/abs/pii/0360544285900982、2023年6月30日閲覧.

＊2　Carelli D. et al., IRIS (International Reactor Innovative and Secure) – Design Overview and Deployment Prospects, International Conference Nuclear Energy for New Europe 2005 Bled, Slovenia, September 5-8 (2005).

https://inis.iaea.org/collection/NCLCollectionStore/_Public/37/104/37104800.pdf、2023年6月30日閲覧.

＊3　IAEA, Innovative Small and Medium Sized Reactors: Design Features, Safety Approaches and R&D Trends, IAEA-TECDOC-1451 (2004).

https://www.osti.gov/etdeweb/servlets/purl/20631082、2023年6月30日閲覧.

＊4　Lyman E., Small Isn't Always Beautiful: Safety, Security, and Cost Concerns about Small Modular Reactors, Union of Concerned Scientists (2013).

https://www.ucsusa.org/sites/default/files/2019-10/small-isnt-always-beautiful.pdf、2023年6月30日閲覧.

＊5　Lyman E., "Advanced" Isn't Always Better, Union of Concerned Scientists (2021).

https://www.ucsusa.org/sites/default/files/2021-05/ucs-rpt-AR-3.21-web_Mayrev.pdf、2023年6月30日閲覧.

＊6　軽水炉でプルトニウムを燃やす（プルトニウムのサーマル利用）と、燃料中に原子量の大きい、燃えないプルトニウムが生成する。これをプルトニウムの高次化という。

＊7　Terra Power社、Terra Power社の高速炉開発について、資源エネルギー庁革新炉ワーキンググループ資料.

https://www.meti.go.jp/shingikai/enecho/denryoku_gas/genshiryoku/kakushinro_wg/pdf/002_04_00.pdf、2023年6月30日閲覧.

＊8　日本原子力開発機構、カーボンニュートラルに貢献する高温ガス炉の開発.
https://www.jaea.go.jp/04/sefard/ordinary/2022/20220331.html、2023年6月30日閲覧.

＊9　古川和男、原発安全革命、文春新書 (2001).

＊10　NuScale Power社、NuScaleのSMR開発、資源エネルギー庁革新炉ワーキ

ンググループ資料.

https://www.meti.go.jp/shingikai/enecho/denryoku_gas/genshiryoku/
kakushinro_wg/pdf/002_06_00.pdf、2023年6月30日閲覧.

* 11　パッシブ・セイフティー（受動的安全性）は、水の自然落下や対流など自然
現象によって安全性が確保されること。人が操作したり、モーターを回したりし
て確保する能動的安全性に比べて、信頼性が高い。

* 12　Mirco Di Giuli, Severe Accident Simulation in Small Modular Reactor, Alma
Mater Studiorum – Università di Bologna (2014).

https://www.researchgate.net/publication/317888787、2023年6月30日閲覧.

第2節　高レベル放射性廃棄物をどうするのか

　本節では、日本の原子力活動から生み出される放射性廃棄物のうち、高レベル放射性廃棄物（HLW）の処分問題に着目して、2011年の東京電力福島第一原子力発電所事故（福島第一原発事故）後の関連政策の転帰と課題を整理して示す。

　福島第一原発事故後、HLW関連政策にも見直しの機運が生じた。ところが2023年現在、政策はむしろ同事故以前の軌道へと回帰し、その課題は解消するどころか、より根深いものとなっているように思われる。

（1）福島第一原発事故とHLW処分政策の修正

　日本では、2000年に成立した特定放射性廃棄物の最終処分に関する法律（最終処分法）により、使用済み核燃料の再処理後に生じる高レベル放射性廃液をガラス固化したガラス固化体と、再処理工程から生じるTRU（超ウラン元素）廃棄物を、地下300メートル以深に「地層処分」することが決められた。最終処分法に基づいて設立された原子力発電環境整備機構（NUMO）は2002年から、三段階の候補地選定調査を受け入れる地域の選定を、全国の基礎自治体（市町村）からの公募により開始した。

　しかしこの公募に応募する自治体は、手厚い交付金制度に代表される経済的インセンティブを提示してもなかなか現れなかった。また、町長（当時）が応募しようとした高知県東洋町では、その是非をめぐって厳しい社会的紛争状況が生じ、出直し町長選でその町長は落選して新町長は応募を撤回した（2006〜07年）。[*1]

　政府とNUMOは候補地選定の停滞を憂慮し、東洋町の事例を受けて2008年に政策を修正し、公募への応募に加えて「国による申し入れ」を調査開始の手続きとして位置づけた。それでも、2011年3月の福島第一原発事故の発生まで、正式な応募に至る自治体は現れないままであった。

① 原子力委員会から日本学術会議への諮問と福島第一原発事故の発生

こうした停滞を踏まえて2010年9月、原子力委員会は日本学術会議に対して、「高レベル放射性廃棄物の処分の取組における国民に対する説明や情報提供のあり方についての提言」のとりまとめを依頼した。[*2]

しかし翌2011年3月、福島第一原発事故の発生により日本社会全体の原子力政策に対する認識は一変した。日本学術会議においても、諮問に対して回答するべき内容は「国民に対する説明や情報提供のあり方についての提言」には到底収まりえないとの見地から、論点の範囲を拡大するという異例の審議がなされた。そして2012年9月、以下の6つを骨子とする提言が取りまとめられ、原子力委員会に対する「回答」として公表された。[*3]

1) 高レベル放射性廃棄物の処分に関する政策の抜本的見直し
2) 科学・技術的能力の限界の認識と科学的自律性の確保
3) 暫定保管および総量管理を柱とした政策枠組みの再構築
4) 負担の公平性に対する説得力ある政策決定手続きの必要性
5) 討論の場の設置による多段階合意形成の手続きの必要性
6) 問題解決には長期的な粘り強い取組みが必要であることへの認識

② 原子力委員会による「抜本的見直し」の棄却と政府の政策修正

日本学術会議からの「回答」を受け取った原子力委員会は2012年12月、「見解」のかたちで「回答」に対する応答を文書化した。[*4]

「見解」は、「回答」の指摘は従来の取り組みそのものの誤りを指摘したというよりも、従来の取り組みの「経緯を国民と共有すること」が「不十分であったことを認識させるものであった」とした。そして問題はあくまでも、社会の様々なステークホルダーと情報や認識を共有するコミュニケーションの次元にある、という立場を崩さなかった。他方で「回答」の提言への応答として、以下の事項を打ち出した。

1) 処分すべき高レベル放射性廃棄物の量と特性を、原子力・核燃料サイクル政策と一体で明らかにすること

2) 地球科学分野の最新の知見を反映して地層処分の実施可能性について調査研究し、その成果を国民と共有すること

3) 暫定保管の必要性と意義の議論を踏まえて、取組の改良・改善を図ること

4) 処分に係る技術と処分場の選択の過程を、社会と共有する仕組みを整備すること

5) 国が前面に出て再構築に取り組むこと

　これを受けて経済産業省は2013年5月から審議会での議論を再開し、政策の見直しに着手した。^{*5}

　しかし、例えば上記①の項目に関わる使用済み核燃料の直接処分や、③を踏まえた長期保管などの政策上の抜本的な代替選択肢については、審議会の再開後すぐに議題から取り下げられ、もっぱら社会とのコミュニケーションと候補地選定プロセスに係る改善を図る方策が検討された。

　同審議会での議論は、2014年5月に「中間とりまとめ」としてまとめられ、「可逆性・回収可能性を確保した地層処分」「地層処分の技術的信頼性に関する知見の継続的な評価・反映」「地層処分以外の代替選択肢の研究開発の推進」「使用済み核燃料の中間貯蔵や処分場閉鎖までの間のHLW管理の在り方の具体化」などが打ち出された。^{*6}

　また、候補地選定プロセスに関する政策の修正として、「科学的に適性がより高いと考えられる地域の国からの提示」「多様な立場の住民が参画する地域の合意形成のしくみの整備」「調査あるいは処分場を受け入れる地域の持続的発展に資する支援策の整備」などが謳われた。

　他方で2013年12月、政府は「最終処分関係閣僚会議」（以下、閣僚会議）を突如設置し、閣僚レベルで直接、HLW政策を調整・決定するしくみを整えた。^{*7}閣僚会議はその初回会合で、「国が科学的根拠に基づき、より適性が高いと考えられる地域（科学的有望地）を提示する。その上で、国が前面に立って重点的な理解活動を行った上で、複数地域に対し申し入れを実施する」ことを新たに決定した。ところがこれは、審議会では全く議論されていない内容であった。^{*8}

③ 2010年代後半における政策の「立地問題化」

2015年5月、政府はこれらの検討を踏まえて、最終処分法の定めによる「特定放射性廃棄物の処分に関する基本方針」（以下、基本方針）を改定し、閣議で決定した。^{*9}

「中間とりまとめ」が示した「地域の合意形成のしくみ」には「対話の場」という名称が与えられ、「第三者評価」については、2014年12月に改組されたばかりの原子力委員会による評価を行うこととされた。

これ以降、政府は改めて候補地選定のための取り組みを強化することになる。すなわち、日本学術会議が提言したような、「地層処分によるHLW最終処分の現世代による実施」そのものを俎上に載せるという、大局的な社会的合意形成のやり直しには着手しないことが明確になった。

またこの時期にはすでに、全量再処理政策の堅持が改めて確認されており、直接処分や長期保管などを組み合わせて核燃料サイクル政策を柔軟に検討する可能性も政策文書から排除された。

これによって政府は、HLW処分政策の中心的な課題を処分場の候補地探しに置いた。要するに政府は、HLW処分をめぐる問題の中心は、かつての原子力発電所や核燃料サイクル施設等の場合と同様、もっぱら施設立地問題なのだと改めて定義したわけである。こうして2015年の時点ですでに、政策の基本的視座は2011年の福島第一原発事故以前のものへと回帰していた。

HLWを「どうするのか」は本来、日本学術会議の「回答」が指摘し筆者も別稿で指摘したように、単にその処分場をどこに作るかという施設立地問題ではなく、多面的・複合的な視点から大局的に社会的合意を形成するという問題であるはずだ。福島第一原発事故と日本学術会議等の問題提起はその契機となり得たわけだが、政府はそこには進まなかった。それだけでなく、政策課題としての核心は施設立地問題であるとする、筆者が呼ぶところの「立地問題化」を再確認したのである。以降、今日に至るまで政府はその姿勢を崩していない。

④「科学的有望地」の変容と事実上の政策修正

他方、改定された基本方針で注目されたのは、関係閣僚会議で唐突に打ち出

された、国による「科学的有望地」の提示という新たな候補地選定の考え方である。これは政策上の変更点として、従来の施設立地問題への対処との違いが際立っていた。

　しかし、「有望地」を「科学的」見地で絞り込むために十分なだけの詳細なデータが、全国くまなく存在しているかというとそうはなっていない。一方で、政府は従来から、一定の条件を満たせば工学的対応を行うことで所要の安全性は確保できるから、あらかじめ自然科学的な条件で「有望地」「適地」を示すのは不適当である、という立場をとっていた。2014年までの全国公募型の候補地選定プロセスは、まさにこうした認識に立って設計・運用されてき*11た。

　経済産業省が設けた地層処分の技術的検討を行う別の審議会[*12]においても、集められた専門家の間では改めてこうした認識が確認された。このため、ピンポイントの「有望地」を示す代わりに、いわば「調査を行うに値するだけの基礎的な適性を備えるエリア」を地層処分に求められる長期の安定性の観点から地図上に面的に示した「科学的特性マップ」が作成され、2017年7月に公開され*13た。

　要するに、2015年基本方針の目玉は「事前に候補地を絞り込んだ上で該当自治体への働きかけを行う」というものだったが、それは不完全なかたちでしか具現化しなかったのである。改めたばかりの政策を、再び事実上修正したといってもよいだろう。

　そうなると政府はいよいよ、「国民及び関係住民の理解と協力を得ることに努める」（基本方針）ための「理解活動」に邁進せざるをえなくなった。そこで盛んに開催・展開されたのが、主要都市での「全国シンポジウム」や各地での「少人数ワークショップ」「意見交換会」等である。また、若年層の関心や支持が重要であるとして、「出前授業」や大学生との「意見交換」、教育関係者向けの「施設説明会」、SNS（ソーシャル・ネットワーキング・サービス）での情報発信も試み始めた。

　しかし、こうした「理解活動」のうちでも不特定多数を対象とするものは、HLW処分政策への認知度の向上にはつながっても、候補地選定に直結するものではないことは政府も自覚していた。

　そこで政府やNUMOは、特に2017年の科学的特性マップ提示後、各地での

具体的な関心表明につなげるべく、地域での「関心グループ」に対する「学習支援」を行い始めた。すなわち各地域において、候補地選定に向けた調査を受け入れる動きの核となりうる団体や市民の集団に対して、より直接的な支援を重視するようになったのである。

（2）文献調査受け入れ地域の出現と政策的なねじれ

こうした中、2020年8月に北海道寿都町で、同9月に同神恵内村で、最終処分場候補地選定のためのNUMOのプロセスへの応募の動きが表面化した。

同10月、寿都町長がNUMOに対して正式に文献調査（初期段階の調査）に応募、同じ日に経済産業省が神恵内村に文献調査の実施を申し入れ、同村長はこれを受諾することを表明した。同11月にはNUMOが経済産業大臣に対して行った事業計画の変更申請が認可され、両町村での文献調査の開始が正式に決定した.

2015年の「基本方針」が定めるとおり、2021年4月には両町村に「対話の場」が設けられたが、特に寿都町では初回から「場」の目的やメンバー等について議論が紛糾した。その後も寿都町では、町内で賛否をめぐる社会的紛争状況が見られた。2021年10月には文献調査の中止を訴えた対立候補との間で町長選挙が争われ、文献調査への応募を行った町長が再選された。2023年後半以降に文献調査の結果が示されることが見込まれている。

また長崎県対馬市でも2023年4月下旬以降、文献調査への応募を目指す動きが生じ、本稿執筆時点においても地域での議論が続けられている。

① 政策当局側の認識 —— 政策の成功軌道への回帰

文献調査受け入れ地域が出現したことは、政府とそのHLW政策にとっては「成功」である。調査を受け入れる自治体が（2010年代以前には見られなかったのに）実際に現れた事実は、確かにインパクトがある。それどころか、調査受け入れ地域は複数出現し、かつ対馬市のように後続が現れる様相も見せている。

政府は2023年4月に「基本方針」を再び改定したが、その内容は2015年「基本方針」の方向性を堅持しつつ、「理解活動」や調査受け入れ地域に対する振興策をさらに強化するものとなった。彼らの側から見れば、HLW政策は失敗軌道を脱し（2011年の福島第一原発事故後、あるいは直前の2000年代後半の高知県

東洋町事例での紛糾後は、彼らにとっても HLW 政策は失敗の危機に瀕していたはず
だ）、成功の軌道に回帰したと言ってよい。これが政策当局にとっての、福島
第一原発事故後12年余を経た帰結である。

② 文献調査受け入れ地域の出現は HLW 政策の「成功」を意味するのか

しかし、実際に政策が置かれている状況を虚心坦懐に眺めると、さまざまな
課題が未解決であったり、あるいは新たに生じたりしている。そこでまず、文
献調査受け入れ地域が現れたという事実が、本当に HLW「処分」問題に対す
る社会的合意が十分となったことを物語るものなのか否かを検討しよう。

最終処分法は2000年当時、大きな政治的争点とならず極めて迅速に、かつ
社会的な話題ともなることなく国会での圧倒的多数で成立した[*14]。その結果、人
びとがこの問題の存在と内実について、詳しく知る大きな機会は失われたので
ある。法が成立した後、政府や NUMO にとっての大きな課題は人びとの間で
の認知度の向上となり、その証左として「理解活動」が熱心に行われてきた。

2020年に文献調査が開始された北海道の2つの自治体では、NUMO が「基
本方針」に基づいて設置した「対話の場」において、地層処分の成立性や必要
性、核燃料サイクル政策や原子力政策全体との関係、地域間の負担の公平性や
世代間倫理などが次々問われたと伝えられている。これらは本来、社会全体に
とっての課題として、地点選定の前に議論を尽くして結論を得るべき論点だっ
たはずである。

一方で他地域の人びとにとっては、HLW 問題について詳しく知らないがゆ
えに、文献調査受け入れ地域の出現が「問題解決への前進」と映る可能性も大
きい。「詳しくは知らないが、処分場の候補地になってくれる地域があるのな
らありがたいことだ」といったように、他地域の人びとは問題を自らの市民性
の範疇の外に置いてしてしまうおそれがあるからである。「立地問題化」の認
識は何も政策当局だけではなく、広く社会にも共有されているとみなければな
らない。

もちろん、こうした認識の広まりは、調査を受け入れた地域の人びとには倫
理的に無責任な態度とも映るだろう。また、原子力関連施設の立地に際して、
電源三法交付金や各種の経済的な振興策を併せて提示することで地域の「負担
に報いる」ことにも、かねて疑問が表明されてきた。福島第一原発事故後に

は、この点も広く社会に改めて認識され、その改廃も含めて議論がなされたはずだが、今般の政府のHLW政策修正ではそれが再び「拡充」されている。

　福島第一原発事故を経た今日において再び、こうした古典的な論点を抱え込むことが本当に適切なのか、私たちはより注意深く考える必要があるだろう。

③ 政策の置かれた客観的状況：様々な課題の存在

　政策や技術の専門的・実際的見地から見ても、課題は他にも山積している。

　まず、最終処分法はその第1条でHLW処分を、原子力利用から国民経済と国民生活が利益を得る上での「環境整備」と位置づけている。ところがこれは日本独特の考え方であり、[*15]他国の同種立法では「健康・生命への悪影響の防止」「環境の保護」といった、いわゆる放射線防護の原則に則した目的が掲げられるのが一般的である。日本ではなぜ、敢えて原子力利用の「環境整備」としているのか、明確な説明が求められる。

　この目的条項が、HLW政策を原子力政策の他の部分と不可分としていることで、「原子力利用側の都合が、HLW処分の安全性やHLW政策の妥当性を歪めるのではないか」といった利益相反の疑義を生んでいる。さらに、使用済み核燃料の全量再処理を掲げる核燃料サイクル政策との兼ね合いで、硬直性を生じさせる面も無視できない。HLW処分は原子力利用の「環境整備」である以上、原子力利用政策に従属的にならざるを得ないからだ。こうした位置づけは直接処分や長期保管など、本来は安全性や経済性も鑑みて代替選択肢となり得る政策について、いわゆる原子力の「バックエンド」全体を見通した柔軟かつ真剣な検討を妨げる。

　また、日本の放射性廃棄物処分が、その法制度や実施機関の面で高度に断片化していることも見逃せない。

　HLWの最終処分はNUMOが担うとされているが、処分前は日本原燃（JNFL）が青森県六ヶ所村で保管する。低レベル放射性廃棄物は電力事業者による処分、そのうちすでに行われている一部の種類の処分もJNFLが担っている。また関連する技術開発の相当の部分は、日本原子力研究開発機構（JAEA）が行っている。

　NUMOはHLW以外を含めて、放射性廃棄物を貯蔵したり処分したりした経験はなく、そのための事業所も一切有していない。地域社会の中で実際に事

業を進めて、適切な運営によって賞賛・支持されたこともなければ、事故やトラブルを起こして厳しい批判を受けた経験もないのである。

　これに対して、例えば HLW 処分の「先行国」とされるスウェーデンの SKB 社は、中・低レベルの放射性廃棄物処分場や使用済み核燃料の中間貯蔵施設を立地・操業し、経験と実績を積んでいる。しばしば言われる「10万年」の超長期の安全や、100年余にも及ぶと見込まれる事業期間に伴う責任を担うべき NUMO が、そうした経験を積みようがないのというのは、日本の制度設計の大きな課題であろう。

　また政府は、福島第一原発事故で生じた「燃料デブリ」を取り出す方針を堅持している。仮に取り出せたとしてその処分をどうするのか、現時点では未定だ。燃料デブリは激しく損傷してはいるが、法制度上は使用済み核燃料と考えるのが自然であろう。しかし前述のように法制度上は、最終処分法は直接処分を想定しておらず、使用済み核燃料を廃棄物として扱う枠組みは存在しない。

④ 政官関係の変化と第三者評価の不在

　政官関係の変化のもとでの第三者評価の欠如も、重要な問題だ。

　原子力分野における審議会の機能は、いわゆるテクノクラシー（技術官僚支配）の主要な道具立ての一つとして批判的に検証されてきた。すなわち、専門知を任意かつ選択的に動員することによって、様々な利害関係の調整を科学的・技術的な検討の影に隠してしまい、見かけ上の正当性と正統性だけを容易に調達してきた。このように本来は最善とは言えない政策を推進してきたことが、厳しく問われてきたのである。[16]

　しかし政府はもはや、審議会での政策見直しの検討を経ることで新たな政策の正当性と正統性を訴える、という長年の習いにすら従わなくなっている。

　例えば2023年の「基本方針」改定は、2015年の改定と異なり、審議会を経ずに「関係閣僚会議」で原案が決定された。原案はほぼそのまま最終案となって閣議決定がなされ、審議会には「報告」があったのみである。あるいは、北海道の2自治体での文献調査受け入れという政策上の重大な変化が生じても、経済産業省は審議会を2年半ほどの間、開催しなかった。このように、かつては批判の対象とされたテクノクラシーそのものすら、今や風前の灯になっているのである。[17]

審議会が関与しなくなるのであれば、より第三者性の高い、そして権限の大きな組織の監督を代わりに受けるのが、チェック・アンド・バランスを旨とする民主的な行政のあり方だろう。ところが実際は、2015年の「基本方針」で盛り込まれた「原子力委員会による評価」も宙に浮いている。

　原子力委員会は、この「基本方針」にもとづいて2016年に「放射性廃棄物専門部会」を設け、同部会の評価結果を同年9月に報告書として出した。しかし、評価の継続的・定期的な実施を唱えた同報告書の内容とは裏腹に、同部会はそれ以降、本稿執筆時点の2023年8月まで開催されていない。

　このように、政府が現行政策の「成功」に目を向ける一方で、課題はいよいよ山積している。しかし、政策当局が自らの政策を肯定的に評価しているがゆえに、山積した課題には目が向いていないし、政策の見直しも議題に上っていない。日本のHLW政策はこうした「ねじれ」の中にある。

（3）「政策の構造的無知」にどう対抗するか

　テクノクラシーは確かに、公益よりも特定の主体の利益を優先するため、専門知を「選択的に」動員していた点では批判されるべきものであった。福島第一原発事故の大きな教訓としても、その問題性は深く認識されるべきである。ところが、福島第一原発事故後のHLW政策の転帰をみると、専門知は「選択的」にすら動員されなくなり、全く省みられなくなりつつあるように見える。

　本節で見たように、「科学的有望性の提示」は、審議会の議論とは無関係に「関係閣僚会議」で提案・決定された。その困難性が技術論から指摘されると、あいまいに換骨奪胎された「科学的特性マップ」となって「理解活動」の一環に組み込まれる。それどころか、そのうち審議会そのものが開かれなくなったり、「基本方針」のような基本政策文書の作成に関与できなくなったりする。

　原子力委員会による政策評価については、そもそも「第三者」性の十分さには疑問もあったが、それでも「基本方針」に明記されていて、2023年改定でも記述が維持された。ところが、実際には2016年の一度きりでその後は行われておらず、その不作為を指摘する声も極めて乏しい。

　確かに、テクノクラシーには問題があった。だがHLW問題、あるいは原子力政策は全体として、どうしても専門知抜きで対処することはできない性質を持っている。それでは現状はどうかというと、福島第一原発事故の教訓をふま

えて、テクノクラシーの否定的な側面を解決したとは到底言えない。それどころか、辛うじてあったはずの肯定的側面（選択的ではあれ、曲がりなりにも専門知が政策形成・決定に反映されていた部分）までも、丸ごと打ち棄てられてしまおうとしている。

　これが上述の「ねじれ」の背景にあり、それを継続させて山積する課題を今後も等閑視し続けることを可能にするメカニズムとなっているのではないか。

　筆者はかつて、日本の政策メカニズムには専門知に対する「構造的無知」があると主張した。今やそれが改善されるどころか、極限まで行きつつあるという危機感を持たざるを得ない。具体的な解決策の提案は別稿に譲るが、福島第一原発事故が原子力政策に与えた影響の「検証」の観点から、そのことを特に強調しておきたい。

参考文献

＊1　例えば、西郷貴洋・小松崎俊作・堀井秀之、高知県東洋町における高レベル放射性廃棄物処分地決定に係る紛争の対立要因と解決策、**社会技術研究論文集**、第7巻、87-98頁 (2020).

＊2　原子力委員会、高レベル放射性廃棄物処分に関する取り組みについて（依頼）、2010年9月7日.

http://www.aec.go.jp/jicst/NC/about/kettei/seimei/100907.pdf、2023年8月7日閲覧.

＊3　日本学術会議、回答　高レベル放射性廃棄物の処分について、2012年9月11日.

https://www.scj.go.jp/ja/info/kohyo/pdf/kohyo-22-k159-1.pdf、2023年8月7日閲覧.

なお、筆者は同会議学術調査員として当該の審議と文書とりまとめに関与した。

＊4　原子力委員会、今後の高レベル放射性廃棄物の地層処分に係る取組について（見解）、2012年12月18日.

http://www.aec.go.jp/jicst/NC/about/kettei/121218.pdf、2023年8月7日閲覧.

＊5　総合資源エネルギー調査会原子力部会放射性廃棄物小委員会。同7月から同調査会の改組により、同調査会電力・ガス事業分科会原子力小委員会放射性廃棄物ワーキンググループとなった。なお、筆者は2013年5月からこの審議会の委員を務めている。また2023年7月、同ワーキンググループの位置づけを昇格させ、原子力部会のもとに設ける「特定放射性廃棄物小委員会」とすることが公表されて

いる。

＊6　総合資源エネルギー調査会電力・ガス事業分科会原子力小委員会放射性廃棄物WG、中間とりまとめ、2014年5月.
https://www.meti.go.jp/shingikai/enecho/denryoku_gas/genshiryoku/hoshasei_haikibutsu/201405_report.html、2023年8月7日閲覧.

＊7　総務大臣・文部科学大臣・経済産業大臣・科学技術政策担当大臣・内閣官房長官が構成員とされた。

＊8　経済産業省、高レベル放射性廃棄物の最終処分に向けた新たなプロセス（第1回最終処分関係閣僚会議資料）、2013年12月17日.
https://www.cas.go.jp/jp/seisaku/saisyu_syobun_kaigi/dai1/gijisidai.html、2023年8月7日閲覧.

＊9　特定放射性廃棄物の最終処分に関する基本方針、2015年5月22日閣議決定.
https://www.meti.go.jp/shingikai/enecho/denryoku_gas/genshiryoku/pdf/012_s03_00.pdf、2023年8月7日閲覧.

＊10　寿楽浩太、高レベル放射性廃棄物処分の「立地問題化」の問題点―最近の政府の政策見直しと今後のアカデミーの役割をめぐって、**学術の動向**、第21巻、第6号、40-49頁 (2016).

＊11　もし国内に相対的に地層処分に適した地域があることが事前に明らかなのであれば、そうした条件を付さずに全国から一律に自発的な公募による調査受け入れを募ることは矛盾を生じる。

＊12　総合資源エネルギー調査会電力・ガス事業分科会原子力小委員会地層処分技術ワーキンググループ。

＊13　経済産業省、科学的特性マップ公表用サイト.
https://www.enecho.meti.go.jp/category/electricity_and_gas/nuclear/rw/kagakutekitokuseimap、2023年8月7日閲覧.

＊14　菅原慎悦・寿楽浩太、高レベル放射性廃棄物最終処分場の立地プロセスをめぐる科学技術社会学的考察―原発立地問題からの「教訓」と制度設計の「失敗」、**年報　科学・技術・社会**、第19巻、25-51頁 (2010).

＊15　例えば米国の核廃棄物政策法（Nuclear Waste Policy Act）は「公衆の健康や安全と環境の保護」等の文言を法の目的条文のなかで明示している。

＊16　原子力分野におけるかつてのテクノクラシーのあり様については、例えば、

吉岡斉、新版　原子力の社会史—その日本的展開、朝日新聞出版（2011、初版 1999）.

＊17　この論点については以下の解説論文でも指摘している。寿楽浩太、高レベル 放射性廃棄物処分政策の現段階と課題—「ポスト・テクノクラシー」をどう見る か、**環境と公害**、第53巻、第1号、21-26頁 (2023).

＊18　寿楽浩太、原子力と社会—「政策の構造的無知」にどう切り込むか、藤垣裕 子（責任編集）、小林傳司・塚原修一・平田光司・中島秀人（協力編集）、科学技 術社会論の挑戦2　科学技術と社会—具体的課題群、東京大学出版会 (2020).

第3節　戦争と原発——ウクライナ

（1）戦火にさらされるザポロージェ原発

　2022年2月24日にはじまったロシアによるウクライナへの軍事侵攻にあたり、ロシアのプーチン大統領は核兵器の使用をちらつかせた。人類はヒロシマ、ナガサキに続く第3の"被爆地・ヒバクシャ"の登場を真剣に危惧するようになった。また、同年3月4日午後（現地時間）、ウクライナに侵攻したロシア軍により、欧州最大規模のザポロージェ（ザポリージャ）原子力発電所が制圧された。多くの放射性廃棄物が貯蔵されている旧チェルノブイリ原発構内も、ロシア軍に一時占拠された（当初の侵攻作戦であった短時日でのキエフ制圧を断念した段階で、ロシア軍はそこから撤退した）。占領者による原子炉や使用済み核燃料冷却・貯蔵施設などの破壊や粗雑な扱いによる大量の放射性物質の飛散、兵士・住民の大量被曝が真剣に危惧されるにいたった。こうして、人類はチェルノブイリ原発事故、福島第一原発事故に続く第3の巨大原発災害を危惧するようになった。

写真 3-1　ザポロージェ原発構内をパトロールするロシア兵
出典：ウクライナ系ウェッブ・ニュース・サイトから：https://focus.ua/ukraine/531931-ugrozhayut-otpravit-na-front-vs-rf-dobivayutsya-ot-rabotnikov-zaes-perehoda-v-rosatom. 2023年6月23日閲覧.

野口邦和[*1]は戦争、あるいはテロ行為における原発攻撃のメリットを、①大規模電力供給源の破壊による敵国経済への打撃、②多くの場合、巨大原子炉が何基も集中立地している原発への攻撃の効率の良さにもとめている。ヨーロッパ最大、1000メガワット（MW、メガ（M）は10の6乗。1000MW＝100万kW）級軽水炉を6基も備えたザポロージェ原発は、侵攻するロシア軍にとって格好の攻撃（制圧）目標であったろう（生活インフラが一定整った近代的な建物群も侵攻する部隊にとっては魅力であったであろう）。しかし、施設が破壊され、原発に蓄積されている大量の放射性物質が外部環境に放散される事態になれば、これは攻撃する側にとっても一種の"自殺行為"となる。いきおい、制圧したロシア軍による火器の使用は、ウクライナ軍による原発奪還の動きを阻止・牽制する限定されたものとならざるをえない。それでも、ザポロージェ原発はロシアの侵攻開始後2023年5月下旬までに、計7回外部電源を喪失している。そのつど、非常用ディーゼル発動機が稼働するなどして構内の使用済み核燃料冷却システムは復旧しているが、それは原発技術者の"薄氷を踏む"[*2]かのような慎重な努力によるものであった。

　その間、ロシア軍により同原発のウクライナ人職員ら約3100人を移送する準備をしていることが報道されたこともあった[*3]。また、当地に派遣されていたロシアの国営原子力企業「ロスアトム」の職員が退避を開始し、ウクライナ人職員にも退避を勧告したと報じられたこともあった[*4]。さらに、2023年7月4日、ウクライナ大統領ヴォロディーミル・ゼリンシキーは、ロシア側が複数の原子炉建屋の屋上に"爆発物のような物体"を置いたとの情報を明らかにした[*5]。しかし、現地に駐在する国際原子力機関（IAEA）の専門家は"爆発物のような物体"は確認できなかったとこれを否定。さらに、7月6日、ウクライナ国防省情報総局のブダノフ長官は"原発に対してロシア軍が攻撃するという脅威は後退した"ことを明らかにした[*6]。デマも交り、情報は錯綜している。

　6月に入ると、ウクライナ南部ヘルソン州のカホフカ水力発電所のダム湖が決壊し、大規模な洪水を引き起こした。同ダム湖はザポロージェ原発へも冷却水を供給していたが、それが断たれ、同原発への長期的な影響が心配された（原発構内の貯水池により当面の冷却水は確保できる[*7]）。

　2022年9月1〜5日、IAEAのラファエル・グロッシ事務局長含む6人の専門家が現地に調査に入った。早くも同月6日には「調査報告書」を発表して、原

発とその周辺に「安全保護区域」を設定し、原発周辺での軍事行動を停止することを両軍に要請するとともに、ロシア軍の撤退とウクライナ軍の原発構内への進入自制を呼びかけた。*8 しかしながら本節執筆時点（2023年7月10日）までに、両軍、とくにロシア軍にそれに応じる気配はない。

（2）"原発大国"ウクライナ

ここで歴史を遡って、ウクライナと原発のかかわりを見ておこう。

ウクライナもその"加盟共和国"のひとつであったソ連の出生率は第二次世界大戦後、戦争による青壮年層の大量喪失や都市化の全般的進行のため著しく低下した。加えて、ソ連の農業は1958年を画期に長い停滞期に入った。そこから大量の労働可能人口を遊離させることはもはやできなくなり、工業労働人口増加率は1960年代以降顕著に鈍化した。さらに、東西冷戦や中ソ対立などのため、就業可能人口から一定の割合を常備軍兵員にあてなければならなかった。そのため、鉄道や石油・天然ガスのパイプライン建設に必要な大量の建設労働者を確保することが難しくなった。人口と工業が集中した地域とエネルギー資源の採掘地点との広大な領土における地理的乖離という、ソ連経済地理がかかえた根深い問題にこうしたインフラ整備の遅れが加わり、石炭（褐炭、泥炭を含む）から石油・ガスへの燃料転換は大きく停滞した。

この状況下、領土東部・辺境において戦後新たに発見された大量・安価な石炭資源の開発とならんで、原子力はこうしたエネルギー危機から脱却する重要な手段として期待を集めることとなった。*9 この時期、東欧"同盟"諸国への燃料支援も、ソ連経済の大きな足枷となっていた。そのため、ソ連の原子力発電所建設は国内のみならず、東欧"同盟"諸国においても、1970~80年代を貫いて強力に進められ、ソ連・東欧"社会主義"の解体まで続いた。

ウクライナは、ドンバス（ドネツ炭田）の豊富な埋蔵量を誇る石炭資源で有名であるが、戦前はソ連全域で褐炭などの粗悪炭が燃料資源として広範に活用され、ドンバスの品質の良い石炭はおもに製鉄業などに利用されていた。石油・ガス利用が進んだ戦後も、ドンバスの石炭のおもな用途は引き続き製鉄用燃料として、ロシアのウクライナ侵攻における激戦で有名になったアゾフ製鉄所（アゾフ・スターリ）などで利用された。このため、ウクライナは全体として燃料資源の乏しい地域とされ、原発の大量導入が期待された。*10

ウクライナ共和国電力相アレクセイ・マクーヒン（当時）は黒鉛チャンネル炉（黒鉛減速軽水冷却チャンネル炉、RBMK。旧ソ連が開発した炉型で、減速材に黒鉛、冷却材に軽水（普通の水）を使用する）の安全性に不安を感じつつも、軽水炉開発の停滞から、ウクライナ最初の巨大原発＝チェルノブイリ原発に大型の黒鉛チャンネル炉を導入することを決めた。同原発は1977年に操業を開始したが、マクーヒンは何を危惧したのであろうか。[*11]

　ソ連初の本格的な実用炉であるベロヤルスク原発1号炉は、100MW（＝10万kW）級の電気出力をもつべく設計され、1963年9月3日に臨界に達した。その直後から原子炉工学者イヴァン・ジェジェルンは、関係諸機関に対してこの炉型の危険性を指摘し、使用をやめるよう警告を繰り返した。彼は、汽水混合体（気体である水蒸気と液体である高温の水が混合したもの）をも冷却材に利用するこの炉には、①なんらかの理由で蒸気量が増えると水による中性子の吸収が減り、核分裂反応が促進されるという「正のボイド反応度係数」のため暴走の危険性がある、②故障があっても高熱と放射能に阻まれて修理できない箇所がある、③水循環をマクロでコントロールできない、という致命的な欠陥があると指摘した。[*12]しかし1973年、黒鉛チャンネル炉の究極の巨大化ともいうべき1000MW級が安価な火力発電に匹敵する経済性を示して成功したあとは、それを3～4基備えた原発が次々に建設されていった。[*13]

　他方、ソ連における軽水炉開発は遅れた。一般に軽水炉の圧力容器は硬度の高い軽合金を使って、継ぎ目なし鍛造によって製造される。ところがソ連では、海上輸送の条件が限られていたので、鉄道輸送が可能となるように、最小の寸法と重量で製造されなければならなかった。1000MW級加圧水型軽水炉（VVER）は1969年に開発が始められたが、その普及は遅れた。しかし、核不拡散条約（Treaty on the Non-Proliferation of Nuclear Weapons、NPT。1968年7月1日締結、1970年3月1日発効）により、兵器級プルトニウムを製造しえる黒鉛炉の核兵器非保有国への供与が事実上禁じられたこともあり、ソ連は東欧諸国には自国で開発された軽水炉を提供せざるをえなくなった。[*14]

　ウクライナの電力産業当事者は、チェルノブイリ原発以外の原発には、黒鉛チャンネル炉を避け[*15]、ほぼすべて大出力のVVERを導入している。1973年に計画され、1981年に操業を開始したロヴノ原発1号炉と2号炉には440MW級のVVERが導入された。一方、1975年に計画されて1982年に操業を開始した

南ウクライナ原発には3基、1981年に計画されて1984年に操業を開始したザポロージェ原発には最終的に6基の、それぞれ1000MW級VVERが導入された。さらに、1981年に計画されて1987年に操業を開始したフメリニツキー原発には2基の1000MW級のVVERが設置され、ロヴノの3・4号炉にもこのタイプの炉が利用された。ウクライナ電力産業の原発依存率は高く、2017年現在、同国の発電量の55%が原発によるものであった[*16]。

　当時はまだ、ウクライナはNPT条約が厳格に適用される"外国"ではなかったが、このような原発建設当事者の選好によりソ連製軽水炉が林立し、さらにその高い原発依存度ゆえに、ソ連解体＝ウクライナ独立後も長くそれらが稼働し続けることとなった。

（3）よみがえったロシア原発産業とウクライナ

　ソ連解体（それはほぼ同時にウクライナ独立であった）以降、事態はどのように推移したのであろうか。ウクライナは1986年4月、原子力発電所事故としては史上最大級の過酷事故、ロシアでしばしば「破局」（Катастрофа、カタストロファ）と形容されるチェルノブイリ原発事故を経験している[*17]。チェルノブイリ原発事故以降（あるいはそれ以前から）顕著に現れたソヴィエト市民の政府の原発政策への不信・反発は、公然とした大衆的な抗議活動に成長し、いくつかの場合は資金不足のためでもあったとはいえ、ソ連末期にソヴィエト市民は計39か所で原発建設・操業を阻止したといわれる[*18]。彼らの怒りはやがてソ連という政治体制そのものへの疑問となり、ソ連解体の要因の少なくともひとつとなった。

　そして1990年代、ソ連解体後の未曾有の経済混乱、冷戦終結ムード、チェルノブイリ原発事故による原子力開発当事者の自信喪失・権威失墜のなかで、以前のように豊富な資金を贅沢に使ってロシア最高級の頭脳が軍民両方の核開発にあとあとの心配なくいそしむことなど、もはやありえないと思われた。

　1993年には、ロシア政府はアメリカとの間で、通称「メガトンをメガワットに」協定を結び、1万3000発の核弾頭から総計337トン（t）の高濃縮ウランを取り出し、原子炉の混合酸化物燃料（MOX燃料）の材料のひとつとして、20年間にわたりアメリカに引き渡す協定を締結した[*19]。それは、良くいえば核軍縮の一環ではあったが、実のところは冷戦の"敗戦"国の"武装解除"、あ

るいは困窮した旧核兵器製造当事者による核物質の不正移送を怖れた"斜陽産業救済策"のような取引であった。自分たちの事績が後世顕彰されるようにとの思いから核開発当事者たちがこの時代に残した公的記録、回想の類を"置き土産"として、ソ連における核開発の狂奔は過去のものとなりつつあった。事実、2004年3月9日には、ロシア連邦原子力省は「連邦原子力庁」に"格下げ"された。[20]

　しかし、ロシアはソ連の原子力発電設備能力の80％を引き継ぎ、アメリカ・フランス・日本に次ぐ原発大国であり続けた。原子力の分野でソ連がロシアに残したものは原発だけではなかった。冷戦下で長年にわたって形成されてきた軍民双方に関わる、党と政府の膨大な官僚群・高級軍人・科学者や技術者集団・その他関係者からなる一大利害集団、いわば"原子力エリート"とも称すべきエスタブリッシュメントもソ連から引き継いだ。彼らは活発なロビー活動の成果、ヴラジーミル・プーチンの指揮下にあるロシア政府に、原子力工業の巨大なポテンシャルを積極的に活かした経済政策を採らせることに成功する。

　1998年の国際金融危機、そしてロシア通貨危機からの回復策のひとつとして、2000年、原子力省は10年間で2万tの使用済み核燃料の貯蔵・再処理を請け負い、これによって総売上高210億米ドル、費用と税を差し引いても72億ドルを手にする見込みであった。こうして国内的にも、原発建設がふたたび進められるようになった。[21]

　さらに2006年、ロシア政府は「グローバル・ニュークリアー・インフラストラクチュア構想」を打ち上げ、アンガルスクに「国際ウラン濃縮センター」を設立し、核燃料輸出、使用済み核燃料の再処理と貯蔵、核技術者の訓練、共同研究開発の4つのサービスを提供しはじめた。2007年9月には「国際ウラン濃縮センター」を合弁企業として立ち上げるべく、諸国から出資を募り、2008年7月までにカザフスタン、アルメニア、ウクライナがこれに応じた。以降、ウクライナは核燃料の供給と再処理をロシアに依存することとなった。[22]

　これは、アメリカのジョージ・ブッシュ（子）政権の「グローバル原子力パートナーシップ」構想にも合致したものであった。この構想は、米ロ両国など核の技術を持つ国が、濃縮・再処理に取り組まないことを選んだ国々に核燃料をリースする、世界市場の枠組みに関するものであった。2006年7月にサンクトペテルブルクで開催された「サミット」首脳会議の場で基本構想が米ロ

間で確認され、2007年7月にはブッシュとプーチンが核拡散につながる核技術の広がりを避けつつ、原子力の一層の拡大を推進することで合意した。[23]

　衰退に向かいつつあったロシアの原子力工業は、こうして2006〜2007年、ジャーナリストのマイルス・ポムパーが"ニュークリアー・ルネッサンス"と呼んだのにふさわしい政策転換を経て、世界有数の国際原子力企業集団としてよみがえった。2021年末現在、ロシアの原子力による発電総量は2224億3600万キロワット時（kWh）、電力総生産量に占める原発の割合は19.66％である。原発輸出も堅調で、2021年現在でトルコ、ベラルーシ、インド、ハンガリー、バングラデシュ、中国、フィンランド、エジプトなどから35基の原子炉、3基の原子力エネルギー設備（内容不詳）の建設を受注している。世界に供給される核燃料の製造のシェアでは17％を占める。[24]

　ソ連解体後、"西側"企業が核燃料の提供や使用済み核燃料処理でウクライナ市場に参入するようにはなっていたが、ウクライナは大枠でこの2006年ロシア"ニュークリアー・ルネサンス"体制に組み込まれたまま、ほかでもないそのロシアから軍事侵攻を受けることになった。

（4）結びにかえて

　ロシア・ウクライナ戦争は開戦から1年以上経過した現時点において一進一退の耗弱状態にあり、戦争のゆくえやウクライナ原発へのその影響などについては予断を許さない状況にある。本章が提供するのはその脱稿（2023年7月10日）時点における知見であって、その後の推移は含まれていない。また、現時点で将来をどのように見通そうとしても、それは推測にしかなりえない。

　原発への軍事攻撃という点では、1981年6月7日、イスラエルがイラクの研究炉タムーズ1号炉（古代エジプトの冥界神「オシリス」と「イラク」の合成語「オシラク」の名で呼ばれる）を爆撃したことが想起されるが、「オシラク」は建設中で放射能被害はなかった。[25]

　これに対してウクライナの原発は、操業を開始してすでに30年以上を経過している。侵攻に伴いただちに操業を停止したとしても、構内には相当量の使用済み核燃料、放射性廃棄物が蓄積されており、戦局の進展如何によっては、人類は史上初めて大量の放射性物質の環境への放散をともなう原発の軍事力による破壊とそれがもたらすであろう破局を経験することになるのかもしれな

い。しばらくは、ウクライナの原発、とくにザホロージェ原発から世界の耳目が離れることはあるまい。

　この機に歴史を顧みて改めて思い至るのが、ウクライナ原子力発電の技術面における根深い対ロ（対ソ）依存性、いわばその"植民地性"であろう。ロシア・ウクライナ戦争終結ののち、幸いに大規模な原発事故がなくとも、戦争においては原発が容易に"人質"に転化することに学び、原発依存からの、そして原発そのものからの脱却を模索するべきであろう。それができない場合、戦火にさらされ破壊と劣化を経た原発の補修とともに、ウクライナ政府、原子力産業当事者たちは原子力を自国のコントロールに置くために多大の努力を払わなければならないであろう。

参考文献と注

＊1　野口邦和、武力攻撃と原発—ウクライナ戦争は何を教えているか、非核の政府を求める会ニュース、第377号 (2023年3月15日).

＊2　京都新聞、2023年5月29日.

＊3　ウクライナの国営原子力企業「エネルゴアトム」の2023年5月10日発表による（読売新聞、2023年5月11日）.

＊4　京都新聞、2023年7月1日.

＊5　京都新聞、2023年7月6日.

＊6　Reuter 社提供の Web ニュース（2023年7月6日、および同7月7日）.

＊7　京都新聞、2023年6月9日.

＊8　野口邦和、前掲論説。グロッシは2023年6月、カホフカ水力発電所ダム湖が決壊した事態を受けて再度現地を訪問している（読売新聞、2023年6月16日）。なお、公益財団法人「笹川平和財団」の「安全保障研究グループ」に設置された「核不拡散・核セキュリティー研究会」（鈴木達治郎・座長）は、国際法、施設防護など多岐にわたる論点にわたり検討を加え、2023年2月、「原子力施設の保護と日本の役割—ロシアによるウクライナ侵攻と原発攻撃をうけて—」と題する政策提言をまとめている（https://www.spf.org/security/ publications/20230224.html、2023年6月9日閲覧）.

＊9　しかしこの転換は、結果的にはソ連経済に深刻な停滞と危機をもたらす大失敗であった。この転換のためには、まず工業の中心＝ヨーロッパ・ロシア部に、そ

こから2000~4000km離れたエキバストゥーズ炭田やカンスク＝アチンスク炭田から大量の石炭の輸送を組織しなければならなかった。輸送に占める運河輸送、海上輸送が低位にあったソ連では、固形物である石炭の輸送は貨物鉄道、トラックによる輸送が主体とならざるをえない。やや時代は下るが、1981~85年の間、東部からヨーロッパ部への石炭輸送量は6600万tから9600万tに増加し、ついに貨物輸送（鉄道とトラック）の49%を占めるに至った。そのための費用も毎年約30億ルーブリに上った。石炭輸送は陸上運輸を圧迫し、スムーズな物流を阻害した（市川浩、ソ連核開発全史、155-156頁、ちくま新書(2022)）。

* 10　戦後ウクライナでウラン鉱床が発見され、ソ連の初期核開発を支えた。全ソのウラン採掘総量に占めるウクライナの比率は、カザフスタンなどで資源開発が進むにつれて低下したが、ウラン資源の供給地ではありつづけた（市川浩、前掲書、68-70、150-151、174-175、188、209-210頁）。

* 11　市川浩、前掲書、210頁。なお、マクーヒンの証言はチェルノブィリ原発事故後に実施されたインタビュー記事（*Г. Медведев*, Некомпетентность, Коммунист, No.4, pp.96-97 (1989)）によるもので、その信憑性には疑問符が付く。

* 12　メドヴェジェフ，ジョレス、吉本晋一郎訳、チェルノブイリの遺産、186-187頁、みすず書房 (1992).

* 13　市川浩、前掲書、130-131頁.

* 14　軽水炉の大量輸出にあたって、ソ連政府は原子炉技術の提供、原子力発電所建設への技術的協力にとどまらず、運転開始後も低濃縮ウランの供給、使用済み核燃料の再処理を請け負った（市川浩、前掲書、133-140、175-178頁）。

* 15　しかし、チェルノブイリ原発は事故後もすぐに閉鎖されることはなく、ヨーロッパ連合（EU）の働きかけをふまえて2000年にようやく閉鎖された。ウクライナの電力事情がチェルノブイリ原発の即時閉鎖を許さなかったのである（市川浩、前掲書、210頁）。

* 16　各原発のロシア語版ウィキペディアなどから、2021年4月1日閲覧.

* 17　アダム・ヒギンボタム、松島芳彦訳、チェルノブイリ―「平和の原子力」の闇、102-119頁、白水社 (2022).

* 18　Dodd, C. K., *Industrial Decision-Making and High-Risk Technology: Siting Nuclear Power Facilities in the USSR*, pp.121-130, Lanham, Maryland: Rowman & Littlefield Publisher (1994); Högselius, P., Spent nuclear fuel policies in historical

perspective: An international comparison, *Energy Policy*, Vol.37, p.260 (2009).

* 19　Pomper, M., The Russian Nuclear Industry: Status and Prospects, *Nuclear Energy Futures Papers*, No.3, pp.3-4 (January 2009).

* 20　市川、前掲書、201-203頁.

* 21　2001年にはヴォルゴドンスク1号炉（ロストフ）、2004年にはカリーニングラード3号炉が運転を開始した。ロシア政府は2006年、2000～3000MW級の原発を2030年まで毎年増設する野心的な計画を策定した。その翌年、原子力関連事業の全面的な商業化を見越して、政府機関＝連邦原子力庁を政府持ち株会社＝「ロスアトム」に再編した。社長にはセルゲイ・キリエンコ原子力庁長官（1998年金融危機のときは首相であった）が横滑りした。これは、順調な天然ガス輸出を一層促進するために、国内の需要（電力価格を抑えるために多額の補助金が支出されていた）を抑え、かつ老朽化していた発電設備の更新を促進するためでもあった。2007年には原子力発電の総発電量は160テラワット時（TWh、テラ（T）は10の12乗）、国内発電総量に占める割合は16％になった（Pomper、前掲論文, pp. 3-4）。

* 22　ロシアの原子力工業は、アメリカのコントロールが効かない国々を取引相手にしようとしていた。イラン南西部の湾岸都市、ブーシェフルに建設されようとしていた原子力発電所のために技術（ウラン濃縮）を提供し、専門家の訓練を引き受けようとしていた。これはアメリカの圧力で沙汰止みとなったが、インドにはアメリカ製原子炉2基のための核燃料を供給していた（Pomper、前掲論文, pp. 6、8、11-13）。

* 23　Pomper、前掲論文, pp. 11-13.

* 24　「ロスアトム」のホームページ.
https://www.rosatom.ru/index/html、2022年6月29日閲覧.

* 25　野口邦和、前掲論説.

第4章

＜当事者からの証言＞
福島第一原発事故と民主党政権

第1節　菅直人元首相インタビュー
「経済産業省には引っ込んでもらった」

　福島第一原発事故当時の内閣総理大臣であり、事故対応の陣頭指揮に当たられた菅直人さんに2022年10月22日にインタビューしました。菅さんには前もって6項目の質問をお出ししました。

（1）科学技術と人間の幸せ

　舘野淳　第一の質問です。2012年のご著書『東電福島原発事故　総理大臣として考えたこと』で、ラッセル・アインシュタイン宣言に触れながら「科学技術は人間の幸せを予定調和的にもたらすものではない」と書かれています。この経緯を少し詳しく説明してください。通常、このような理解は「科学者の社会的責任」とされていますが、菅さんにとっては、それは政治家としての責任ということにつながっているように見えますが、どうでしょうか。

　菅直人　私も小さいころから科学技術に関心があって、私の父親も東工大の応用化学を卒業していることも影響しているかもしれません。その中で、私はやはり原爆というのは人類が自ら発明したものでありながら、人類すべてを全滅させることができるという、強烈な兵器で、ある意味では人間が生み出した大きな自己矛盾だと考えてきました。そういったこともあるいは福島原発事故の時に、バックグラウンド的に私の対応に影響していたかもしれません。もちろん原発はちゃんと使えば人間を滅ぼすわけではありませんが、そのもとになった原爆に関しては、人間の持っている自己矛盾ということを割と若いころ、学生時代からそのようなことを考えていたのも影響していたかもしれません。

　山崎正勝　政治家としての姿勢の中に今のような考え方、バックグラウンドがあったような気がするのですが、いかがでしょう。

　菅　そうですね。わたしが政治家になる原因は、ある種のテーマ型の市民運動でした。例えば土地問題とか丸山ワクチンなど薬の問題とか。オーソドックスな意味で政治家になろうとしていたというよりも、そのような市民運動的なテーマをやっている中で、ある時期に市川房枝先生の選挙のお手伝いをするこ

とになりました。それから選挙の大変さと同時に選挙のある種の面白さを感じまして、30歳で自ら立候補して、3回落選しました。当時弁理士の資格を持っていたのですが、妻なんかは3回も落選したら弁理士をやるのではないのといっていたのですが、その直後にもう1回解散がありまして、4回目のチャレンジで初当選しました。それ以来、14期目ですか。長くなってしまいました。そういうわけで科学技術と政治とか科学技術と人間ということは、若いなりに、私なりに考えていたことが、事故のときの私の行動に、バックグラウンドとしての大きな影響を与えたと思っています。

（2）ストレステストと原発の再稼働

舘野　では次の質問に移ります。菅さんが提案されたストレステスト[*2]について。国際原子力機関（IAEA）の天野事務局長の外に国内でどなたかの助言があったのでしょうか。またその後の推移をみると、ストレステストにパスすれば、原発の再稼動を進めてもよいという方向にとくに野田内閣では展開していきましたが、その動きをどうみますか。そのような動きを当初から予想されたのでしょうか。

菅　ストレステストという言葉は、もちろん言葉としては知っていますが、私が何かこのことを主張したという記憶は、少なくとも今の私にはありません。原発再稼動云々ということで私が、ストレステストを根拠にして再稼働を主張したことはありません。

後藤政志　事故の直後に委員会ができまして、原子力安全・保安院が招集して、私は意見聴取会の委員に任命されました。その時に、私はてっきり菅さんがストレステストをやること指示された、少なくともそういうふうにやるのだと宣言された、と思っていました。ストレステストは何のためにやるのか、安全性を確認するためやるんだという話から始まって、いやセレモニーとして場合によっては手続的にやるだけはないかなど、そんな意見もあったのですね。私の一番感じたのは、あの事故の後に、何もやらないということはありえないわけで、その時によくわからないけどヨーロッパではストレステストがあるからやるのだ、そんなニュアンスで私は受け取りました。

菅　まず福島第一原発事故から2か月後の2011年5月、中部電力に大地震の発生確率が高い浜岡原発の停止を要請しました。じつは経済産業省の事務方は

「浜岡は危険だから止めますが、他は安全ですから再稼働させます」というシナリオを書いていたようです。浜岡原発の運転停止の後、経産省は私に説明なく玄海原発の再稼働手続きを進めていました。私はしっかりと安全性が確認できるかどうかが判断の基準となるべきと考えていたので、経産省の「現行法では保安院だけの判断で再稼働を認めることができる」との説明に対して、「3.11以前からの法律がそうだとしても、福島第一原発事故の発生を防げなかった保安院の判断だけで決めるのは、国民の理解を得られない」と納得しませんでした。

　私は2011年6月のIAEAの会議も踏まえ、再稼働の具体的方法として国民が納得できる本格的な法改正までの暫定ルールを作るように、海江田万里・経産大臣に加え、細野豪志・原発担当大臣、枝野幸男・官房長官に指示しました。

　この問題のカギは、ストレステストに加えて、再稼働の判断に原子力安全委員会の関与と地元自治体の合意を必要とし、最終的には、経産大臣・原発担当大臣・官房長官・総理の4人で判断するということを決めた点にあります。[*3]

（3）原子力規制委員会はどのように発足したか

　舘野　次の質問です。原子力規制委員会の発足の経緯について関心を持っています。2021年のご著書『原発事故10年目の真実　始動した再エネ水素社会』では、菅内閣で放射性物質汚染対策措置法が制定され、これがのちの原子力規制庁が環境省の外局となることに道筋をつけたことが書かれています。[*4] 規制委員会のような組織を作ることに関しては、かなり事前の準備が必要と思われますが、菅内閣の時代、規制委員会立ち上げの作業などが行われていたのでしょうか。規制委員会の基本構想、人選などに関して、若し可能ならば、野田内閣のもとでの動きも含めて、教えてください。

　菅　事故が起こるまでは、経産省は電力全体をコントロールする司令塔を握っていて、原子力各社の現場にも原子力安全・保安院という形で人を配置していて、福島事故以前は経済産業省が中心の原子力行政であったと思います。しかしあの3.11の原発事故に関して、経産省は全く役に立ちませんでした。

　一つの例を挙げますと、私は総理として原子力安全・保安院長に来てもらって、事故の状況について説明してくれといいました。説明を聞いていてもよく

分からないので、私は院長に聞きました。「あなたは原子力の専門家ですか」
と。「私は東京大学の経済学部を出ております」と答えられまして本当にびっ
くりしました。原子力規制のトップが経済学部出身ではさすがに無理だろう。
あの事故が起きるまでは、原発は電力会社にまかしておけば問題ない、あるい
は若干の形式的なことを、経産省の部門がチェックするという体制であったわ
けです。

　そこで2011年6月、事故発生直後から政府東電統合対策本部事務局長として
対応してきた細野総理補佐官を「原発事故の収束及び再発防止担当大臣」に任
命しました。細野補佐官をあえてこの時期に大臣にしたのは、原子力行政の根
本的な見直しの段取りだけはつけたいと考えたからです。保安院を経産省から
切り離すことは海江田大臣も合意していたので、それを確実にするために担当
大臣を置いたのです。これまで内閣には、原発推進側の経産省にしか大臣ポス
トはなかったのを、この人事により規制に関する権限を持つ大臣を置けまし
た。細野補佐官を大臣にしたことで政府内にチェック・アンド・バランスの関
係が成り立ちます。

　再稼働の判断にも、経産大臣とともに関与すると決めました。そして11年8
月には、原子力安全・保安院の原子力安全規制部門を経産省から分離し、環境
省の外局として原子力安全庁（仮称）を設置し、その下に原子力安全規制に関
する業務を一元化することなどを内容とする「原子力安全規制組織に関する組
織等の改革の基本方針」を閣議決定しました。[*5]

　環境省に原子力規制委員会という「委員会」を設けた。これは完全に各役所
から独立したものですが、しかしその規制委員会という委員会だけでは実務を
処理することができませんので、それに原子力規制庁を役人の組織として付け
ました。原子力規制庁は今申し上げたような理由で、経産省に置かないでわざ
わざ環境省においたのは、環境省が適切であるというよりは経産省に置いたの
では元の木阿弥になると、少なくとも私も考え、他の人も考えたと思います。
そういう意味で原子力規制については原子力規制委員会の委員が担って、その
実務を環境省に設けた原子力規制庁で対応することになりました。もちろんい
ろんな問題が残ってはいますけれども、原子力規制委員会ができて、新しい規
制基準ができたことが原子力行政を根本から変えた力になっていると思いま
す。

ただ最近、少し自民党政権が長く続いている関係で巻き返しが起きている。そして経産省がしきりに原子力のことを説明に来ます。だから私は経産省の人達が来たら、「あなた方は11年前に原子力規制部門から全部外されたのですよ」というと、何か嫌な顔をします。多分、経済産業省は原子力に対してかつてのように自分たちの権限を強めようとしている、そういう行動をしているというのが、私が警戒をしている問題点の一つです。

　舘野　一般論として、こういう組織を作るときには、菅さんがメモをお書きになって、それが元でできていくというか形になってできていくのか、それとも役人から基本構想的なものを出してもらって、作るのか。そこらへんの、初めの初めのところはどういう風な格好なのですか。

　菅　少なくとも経産省から切り離すべきです。米国・原子力規制委員会（NRC）は、いわゆる原子力を進める行政とは完全に独立していますので、それも参考に、少なくとも経産省から完全に独立したものでなければならないという意識は私の中にありました。具体的な設計についてまでは、あれこれ指示したということはありませんが、少なくとももっとも重要な、従来の原子力行政を経産省から切り離すということでいえば、私の意図を多くの人が汲んで、今の原子力規制委員会ができた、このように理解しております。

　舘野　多くの人というのは、それを議論する委員会みたいなものがあったのですか。

　菅　先に述べた経緯で11年8月に閣議決定しました。私はそこで総理を退任しましたが、その後の野田佳彦政権を含めて民主党が政権を持っていたことが、完全に経産省から切り離した規制委員会を作る政治的背景になったことはまちがいありません。

　千葉庫三（東工大大学院生、元国立天文台技術職員）　規制委員会は結果としてはいわゆる三条委員会になったわけです。私の記憶では三条委員会とするか、諮問をする八条委員会[*6]にするか、議論があったと思うのですが、結果として三条委員会になった。そこらへんの議論を紹介して戴けませんでしょうか。

　菅　三条にしたことはたいへん大きかったと思っています。じつは三条委員会は政府案でなく自民・公明両党案に盛り込まれており、ねじれ国会のなか与野党の合意で決まりました。八条ではなくて三条委員会という極めて独立性の高い、経産省からだけではなくあらゆる役所から、ある意味では内閣自体から

も独立性の高いものが創設されました。

瀬川嘉之（高木学校）　質問にも書いてあるのですけど、汚染特措法との関係で環境省の外局になったという点について、内閣府直属という案も多分あったと思うのですが、そのへんのご記憶はどうでしょうか。

菅　内閣府というのは、現在でもいろいろな便利な形で使われていますが、本当の意味でどこまで、特に原子力行政の問題の様に非常にリアルな、ある意味では電力会社という巨大な存在をもったところと対応するのに、そういう形で進んだかどうか。一般的には厳しかったのではないでしょうか。やはりアメリカを参考にして、ヘッドクォーターとしての原子力規制委員会があって、それに官僚組織としての環境省の外局に人を集めた。少なくとも当時決めたことは、経産省からの出向は認めない。現在はどうなっているかわかりませんが、経産省からどんどん同じメンバーがやってきて、従来の通りをやることはさせないという意味を含めて、環境省に置いた。環境省としても全く新たな部門でしたから、戸惑いはあったと思いますけれど、それはあくまで経産省に直轄させないという意味で、環境省に官僚部門を置いてその上で、専門家の皆さんに委員になってもらった。私は、これはその後の11年間、2代にわたる規制委員長は、もちろん細かい点ではいろんな点はありますが、その期待に応えていただいた。それが現在、原発が野放図に復活することを結果として抑える大きな力となってきたと、こういうふうに考えています。

瀬川　環境省というのがどこから出てきたかについてはほとんどタッチしておられなかったのですか。

菅　役所機能ですからどこかに付けないと。委員会そのものはまさに専門家集団ですから、それの実務作業をやるのにはどこかの省庁に位置付けた方がいいと、多分そういうことをわかっている人の知恵だったと思います。繰り返しますがその時に、経産省に付けたのでは元の木阿弥になるということで、経産省でないという意味で環境省に付けた。人事的に経産省からきてまた経産省にもどっていく、そういうやり方はこの原子力規制委員会ではやらない。ということを確か決めた覚えがありますが、どちらかというと経産省に戻さないための、実務的な仕組みとして環境省にお願いしたと、そう理解しております。

瀬川　まあ、現在の新しい長官は元保安院で事故対応していた方ですから、もとの木阿弥になっちゃったと思いますけど。環境省外局という意味がだいぶ

薄れちゃっているという気がします。

　菅　今の状況を初めて聞いたのですが、もしそうなっているとすれば問題ですが、少なくとももとに戻さないというのが当時私の強い意向でした。そういうところから、経産省でないところにおいて、経産省から行ったり来たりはしないというルールを当時は決めました。もしかしたらそれが破られているということかもしれません。私もまた調べてみたいと思います。

（4）菅直人内閣はなぜ退陣したのか

　舘野　次は4番目の質問です。菅内閣の退陣について。『原発事故10年目の真実』には、「鳩山由紀夫氏は民主党を分裂させたくないとの思いから、私に自主的に退陣してくれと言ってきた」とありますが[*7]、当時の「菅おろし」の動きに非常に不自然なものを感じていました。やはり菅さんが原発に対して厳しい態度をとったことが、退陣の最大に原因と考えられますか。（ご著書では、小沢一郎さんが「菅おろし」の中心にあったように書かれていますが）小沢さんは原発再稼働に積極的だったのですか。

　菅　まず私の理解からすると、その少し前から、わが党に中で最大のグループを率いておられた小沢さんが、簡単にいえば私を総理からひきずりおろして、首相を替えたい。ただし、原発に反対しているから替えたいと思われたのでは全くない。小沢さんはなんと与党でありながら私に対する不信任案に賛成しようとして、鳩山さんと一緒に組んだ、そういう場面もありました。しかしぎりぎりの段階で鳩山さんがそれには乗らないという判断をされたとき、私は「原発の問題があるレベルまできたら私は退任しますから」ということを鳩山さんに約束をして、その後9月に退任しました[*8]。しかし小沢さんが、再稼働に積極的であったという感じは持っていない。当時も現在も持っていません。

　舘野　あまり詳しくは書いてはいないのですが、当時の新聞にも電力などが菅さんを引きずりおろそうとしているのだということが書いてあります。エネルギー政策の見直しを菅さんがいわれたことに対して、背後の隠れた動きはあるように思うのですが、その点はどうでしょうか。

　菅　まず、電力会社というものを皆さんは、よくご存じだと思いますが、第二次世界大戦の前は、半ば国営の形で電力会社はあったわけですが、それを戦後分割しました。その際、総括原価方式というのをとったことは皆さんご存じ

と思います。総括原価方式とは、かかった費用に5%上乗せをして電気料金を決める。これは自由主義経済では全くなく、かかった費用がどんどん上がればそれに上乗せして電気料金とする。かかった費用のなかには広告代まで入る。東電や関電は広告なんかしなくてもよいわけですが、東電はたくさんの広告費用をだしています。テレビ局とかマスコミに対して影響力を確保するうえでもやっていた。そういう意味で原子力ムラというのは単なる業界ではありません。原子力の行政的利益あるいは、経済的利益を独り占めにして、それを配分する機構であったわけです。

　ですからあの時点では、ある意味で民主党政権という、従来の自民党のようにしがらみを全く持たない政権ができたことで改革が可能になったと思っています。特に私自身は政治資金を一銭ももらわない、あらゆるところからもらっていないというわけではなくて、多くの方から応援はしてもらっていますが。少なくとも電力関係にはそういうお世話にはなっていないかったことで自由にものが言え、自由に発言ができたのが当時の状況でした。ですから今のご質問は、東電を中心とする電力業界にとっては、私の存在は経産省と一緒になって一日も早くつぶしたい存在であったことは、これは間違いありません。

（5）原発の危険性に関する政治家の認識

　舘野　それでは5番目の質問に移ります。菅さんから見て、党派を超えて原発の危険性をきちんと理解されている政治家がどれだけいると思いますか。民意と政治家の間にギャップがあるように思うのですが。

　菅　現在では自民党の中でも、原発はやめるべきだという本を書かれた政治家もおられますし、いろいろな意見を、現在の与党の中でもお持ちの方はおられます。ただ巻き返しも激しい。特に最近の岸田文雄・総理の発言などを聞くと、結局は電力が足らないから原発は必要だという方向に舵を切ろうとしています。私は、そうではなくて、再生可能エネルギーで必要な電力はすべて供給できるのだということで、対抗していますが。例えば歴代総理でも、原発反対を細川護熙さんとか、小泉純一郎さんとか、歴代総理で自民党出身の方でもそういうことをはっきり言われている方はいます。

　しかし今、多分自民党の全体勢力のなかでは、原発に戻ろうとか、電力会社との関係が今でもかなり濃い人もあります。ここは、今日出席されている方に

もお願いしたいのですが、よほど気を付けないとそういう勢力によって巻き返されてしまいます。先ほど申し上げたようにこの間原子力規制委員会が歯止めになっていたし、これからも歯止めになってもらいたいと思います。とにかく今もロシア・ウクライナ情勢も含めて、「電気が足らなくなるから、早く原発に戻そうではないか」ということを理由にするなど、大きな背景をもって動いていますので、警戒をしなければ必ず巻き返しが起こる。ぜひ警戒心を持って見守っていただきたい。

後藤 事故の前に菅さんが、原発の輸出のことなどもおっしゃっていたのですね。しかし事故を通じてはっきりとした態度をとられたときに、真摯に心の底からの叫びを私は感じた。政治家の人は、そういうことをきちんとやれる人が政治家だと思っていました。あの事故があって悩むというか、真剣に考える人がどれだけいるかが勝負だと思いまして、その時菅さん以外にもどれだけそういう人がいたか、という意味で質問させてもらいました。また、党派との関係。事故の直後は、事故ということを通して、党を横断的にそういうことができる環境が一時的にあったと思います。それがうまく働けば原発問題も変わってきたと思いますが。また自民党若手の方でもいらっしゃいますが、そういう方が本当に発言できるのでしょうか。

菅 後藤さんにはいろいろ教えていただいていて、感謝しております。直接的なお答えになるかどうかわかりませんが、電力会社というのは、トヨタとか日産とかいう普通の会社とは全く異質なものなのです。つまり国営企業の悪いところと民営企業の悪いところとを完全に合わせ持っているのです。値段は自分で決められるのです。先ほど言いましたように、かかった費用に5％上乗せして電力料金を決められるのですよ。かかった費用というのは、政治資金でどんどん流したものから、マスコミに対してコマーシャル料を払うものから、全部合わせてその上に上乗せして電気料金が決められるのです。資本主義の一番悪いところと、社会主義の一番悪いところを兼ね備えたのが電力会社です。今もその体質はかなり残っています。

ですから私は、戦前はまあ仕方ないとしても、戦後9電力に分けるときに電力の料金決定権を電力業界に与えたことが大きな背景としてあると思います。これから先も―電力会社は電力の自由化になりましたけど、相変わらず東電とか関電とかいろいろ不祥事も起こしていますが――、やはり再エネに対してブ

レーキを踏んで、やはり原発が必要なんだという方向に政治もマスコミの報道も持っていこうとしているように思えてなりません。ここは本当に凄まじい力を持っている電力業界ですから、後藤さんなどはよくご存じだと思いますが、相当警戒しておかないと、いろいろな理屈を立てて原発の方向に戻る大きな政治力を発揮しかねない。ここだけはぜひ皆さんに強く訴えておきたいと思います。

後藤 再稼働、新設の話も出ているのですが、いまだに原発のメーカーは表にいっさい出ないわけですよ。責任もとろうとしていない。原子力損害賠償法で事故の責任は無過失でも事業者が負うということになっていて、あれだけの大事故が起こったのに何でメーカーが出てこないのか。責任も問われていない。

こんな構造で、事故が防げるはずないわけです。航空機事故の場合、メーカーであるボーイングなどが一切出てこないで、航空会社が出てきて事故のことを語るなんて全くナンセンス。基本的にダメなのはメーカーとか、ものを作るものの責任が明確になるものでないと、多分事故は防げないというのが私の思いですけれども。

菅 基本的に全く同意見ですが、もっといえば、ご存じのように福島第一原発の1号機はGEが作りました。2号機以降は全部これをまねて、東芝と日立が作りました。技術そのものが完全にアメリカの技術です。そして私はあちこちで指摘していますが、なぜ福島第一原発事故が起きたかは後藤さんご存じの通り、地震だけなら起きていないのです。送電網が切れました。緊急用電源が起動してこれで動いていた。津波が来た。どこに緊急用電源があったかは、ご存じのように一番低いところにあった。原発の海側にあった。そこに来た津波が全部かぶって全ての電源がストップしてメルトダウンに陥った。

私は調べてみた、アメリカはどうなっているか。アメリカでは津波というのはあんまりないのですね。どちらかというと竜巻がある。ですからアメリカ仕様というのは津波を想定していないから、一番低いとこに緊急用電源を置いていたのです。ヤツコさん（米国・元原子力規制委員会委員長）とも話したことがありますが、私の理解は間違っていないと考えています。残念ながら以前にも日本はチリ津波とかいろんな津波があったわけです。その津波の危険性を全く考えないで作ったのが1号機で、全く同じ仕様で作ったのが2号機、3号機で

す。そういう意味では、日本とアメリカの地震の特性の違いを全く理解していなかったことも、11年前の大きな、大きな原因の一つと考えています。

（6）福島第一原発事故の発生直後の対応について

舘野 最後の質問です。事故「当日」の対応についてお聞きします。日本では明治以来の官僚主導主義のためか、米国のように多くの独立した専門家の知見を活発に動員して政策に反映させるというシステムがありません。福島第一原発事故当時の危機管理も、米国NRCから派遣された専門家が官邸から指揮を執ったと聞いています。そこで、菅直人元首相には、危機管理のあり方の検証という点から、事故当時の対応について差し支えない範囲でうかがえれば幸いです。

池上雅子（東京工業大学教授） 事故当時、東工大の先生方もずいぶん動員されて大変だったとお聞きしています。未だに秘密扱いのところも多いかと思うのですが、お差支えない範囲で、特にアメリカの専門家が呼ばれてきて指揮されたあたりの経緯を教えていただければと思います。

菅 ある意味で福島第一原発事故のことを一番よくわかって、一番早い段階から心配してくれたのはアメリカでした。いうまでもありませんが、米軍は横須賀に基地があって、潜水艦から航空母艦まで全部原子炉を積んでいるわけです。つまり原子力装置を積んでいるところに、1年間とかずっと乗組員が同居しているのです。ですから彼らの放射能に関する感性は、日本とはくらべものになりません。日本の各原発の放射能漏れを測定する装置は各サイトの離れたところに並んでいて、いざ何かが起きた時に飛行機で、出た放射能をサンプリングする能力があるかといえば、ヘリコプター1台持っていない。ですからアメリカの方が、原発事故が起きたときの危機感は、私を含めて日本自身の危機感より、早い段階から非常に高いレベルの危機感をもっていたと思います。

　一つの例を挙げますと、地震の起きたその日のうちか翌日には航空母艦が福島沖80キロメートル（km）にきて、しかし80km以内には入ってきませんでした。当時の映画もいろいろ出ておりますが、アメリカ以外の国は東京から大使館を撤退し始めていて、アメリカも撤退を考えたということが最近の本に出ていますが、アメリカまでが撤退したのでは日米関係が壊れる。横須賀に第七艦隊の基地があるわけですが、横須賀から逃げたら、日米関係が壊れるという

そういう政治的な判断もあって、アメリカは踏みとどまって協力をしてくたわけです。

　もう少し具体的に申し上げますと、かなり早い段階からアメリカの関係者から「官邸に人を送らせてくれ」という話がきました。その段階では確か事故が始まって2日目とか3日目とかいう段階でした。官邸に米国の専門家——主に米軍になるのですが——そこの指揮を受けながら内閣が動いているというのは、さすがに取りにくいということで、3月15日に私が東電の本店に乗り込んだ後で、東電と政府との統合対策本部を東電の中に作る、そこにアメリカの関係者も出入りしていました。アメリカの福島第一原発事故に対する対応は、もちろん原発事故のもとはGEが作ったものでありますが、それを越えてアメリカの安全保障全体にも係る問題として、まさに自分のこととして取り組んでくれたことを、10年たったいま当時以上に強く感じております。

　そういった意味でNRCから来た専門家が官邸から指揮を執ったかといわれれば、指揮権をわたしたことはありません。指揮権そのものをわたしたことはありませんが、まあ極端にいえば横須賀が使えなくなるかもしれない、横田が使えなくなるかもしれない、そういうアメリカ自身の安全保障上の一つの危機感を含めて、ある意味で日本の政府機関以上に積極的にアドバイスや場合によっては人を送っていろんなアドバイスをしてくれたことは、はっきりと申し上げておきたいと思います。

　池上　ありがとうございます。NRCの方も後で聞いたら空軍出身の方だったということで、その件については、私見としてはやはり核兵器国にとっては原発も核兵器も、アメリカの場合はエネルギー省が両方扱っているわけで、核兵器国は原子力に対する対応は軍事に準じた対応をしていると思うのですね、危機対応も含めて。おそらくフランス、ロシアなどもそうだと思うのですが、その点が危機対応の時の違いとして出てきたのかという思いがいたしました。

　菅　おっしゃる通りです。ただ先ほども申し上げましたように、アメリカが核兵器も持ち原発も持っているという背景もありますが、やはり大きく違ったのはアメリカには地震が少ないですし、津波という現象はほとんどありません。そういう地政学上の大きな差もあって、日本がより厳しい事故に遭遇した。それに加えていえば今おっしゃる通り、アメリカは365日原子炉を積んだ

潜水艦や航空母艦があって人間が乗っていますし、いざというときの放射能測定装置も積んでいますから。これに比べて日本は、どこかの会社に頼んで、ヘリコプターに機器を積んで空中の放射能を測定しなければいけないという、ほとんど放射能が拡散した時に対応できる体制がなかった。原発事故や放射能に対する対応力は全く格段の差があったということははっきりと申し上げることができます。

　池上　あと一点だけ。福島第一原発が建設されたとき——何十年も前ですけど——、虎の門にあった原子力資料センターに行ったら古い文書が出て来ました。当時、高木仁三郎さん、槌田敦さん、あるいは安斎育郎さんだったか、原子力批判派の学者さんがすでに、「GEのデザインに合わせるために、土地をわざわざ削って、低地にして建設しようとしている。非常に危険だ」と警告している資料があったのです。当時わかっている方はわかっていたのです。そういう在野の専門家の声をきちんと政策決定に反映するメカニズムが日本には欠けている。アメリカは、割にシンクタンクでも個人でもそういう声を吸い上げて政策に反映させるメカニズムがありますが、日本にはできていなかったのは致命的だったのではないかと考えるのですが、いかがでしょうか。

　菅　おっしゃることは、半分はその通りです。半分は間違っているという意味ではないですよ。あそこはご存じのように、もともとは海から35メートル（m）ぐらいの高台なのですよ。かつて戦前は陸軍の飛行場がありました。戦後は、あまり土地がよくないので、そのまま荒れた土地になっていた。だから35mの高さのところに原発を作っていたら、あの事故は起きていません。それを、水をくみ上げる関係で海側に近いところを、わざわざ水面から10ｍのところまで削った。削られたところに原発が並んでいる。そういう意味では、アメリカの方が技術的に進んでいるところはありますけれど、やはりアメリカと日本の根本的な相違である津波というものを全くアメリカは全く想定していませんから。私は津波というものを全く配慮しなかったことが直接的にこの事故の原因となっているとみています。

　池上　どうもありがとうございました。

　舘野　質問の中に、専門家の意見を政治のくみ上げるようなシステムが日本にないのではないかというお話がありますが、かつては日本学術会議が原子力の問題について発言していたのですね。ところが中曽根康弘内閣の時、当時の

自民党ににらまれまして、それで学術会議の会員の選出方法を変えられて、それで今の学術会議ができました。その学術会議に関してでさえ最近は菅内閣のときに一部会員の任命拒否のような事件がおきていますが、何か政治のシステムの中に学術的、中立的の意見を取り入れるシステムを作ることは可能なのか、菅さんはどうお考えになりますか。

菅　学問の世界でのいろんなことと、政治ないし業界のこととは重なっている部分もありますが、それぞれが動いてきたのが戦後の歴史だと思うのです。戦後からの原発の歴史をみてみると、例えば後に総理になられる中曽根さんは、非常にはやい段階から原子力の利用ということをいわれた。しかし湯川秀樹さんは、核兵器のことがあったので原子力に関してはかなり慎重であった。そういう背景があります。事故に関していろいろ見解があることは私もよく承知していますが、そういう本質的な原子力の平和利用というものをどう考えるかという、非常に慎重であった湯川秀樹さんたちの学者と、それから中曽根さんのように政治家として、これはもっと積極的に活用すべきだという意見、この2つの意見があったことも背景にはあると思うのです。

　ただ先ほど申し上げたように福島第一原発事故は、それを防ごうという意識をきちんと、学問的というよりは実践的に理解していれば、十分最初からああいう事故は起きないですんだ。つまり一番低いところに原発を置いたということが、繰り返しますが、意図的とまではいいませんが、津波のことを全く考えないで同じものを作ったということ、あえていえば私はそういうところに原因があったと思っています。

（7）原発事故時の住民避難について

舘野　これからお話全体に関する質問に移ります。

野口邦和　東電は福島第一原発の敷地を削って原子炉を設置したというお話でした。女川原発は標高の高いところにもともと設置されていて、津波の被害は受けなかったということを思い出しました。電力会社個々の対応が問題なのであって、そういう意味で福島第一原発については、東電の対応がよろしくなかったということになるのではないでしょうか。日本ではこうだというくくりでは正確さを欠くと思いました。

　以下、コメントです。私は事故直後から二本松市とその南にある本宮市の放

射線のアドバイザーをしておりました。事故当初の現地の状況はそれなりに承知しているのですが、当時の東京での首相としてのお考えをいろいろうかがえて勉強になりました。ありがとうございます。

　菅　女川はかなりぎりぎりまで水が来たんです。結果として福島のようにはならなかったですけれど。一説によれば、当時建設するときに、東北電力の副社長か誰かが、もっと高いところにしようといったので免れた、これは真実かどうかかどうかわかりませんが。当時聞いた話を思い出しました。

　山崎　規制委員会を作ったのは、菅さんもおっしゃる通り、日本の原子力の歴史の中で画期的だったと思いますが、住民の避難の問題が落ちていたのではないか。その後の展開を見ますと原子力規制委員会がゴーサインを出すと、再稼働をしてもいいという議論につながってしまいました。避難の問題は自治体の問題ということになって規制委員会の議論から外れてしまったと思います。アメリカのNRCの場合には、そこはちゃんと担保されていたように理解しているのですが、毎日新聞がその点で取材をしたところ、議員の方々は避難問題について原子力規制委員会が担当することを忘れていたという返事だったというのです。今からでも、規制委員会の中に避難の問題を含めて審議決定するというメカニズムが必要なのではないかという意見があります。その点についていかがでしょうか。

　菅　避難の問題は私の考えるところでいうと、規制委員会に避難の問題まで責任持たせるのは非常に難しいというか、無理だと考えます。実際に当時もまずは地震で、そして津波の避難をしましたが、基本的には自治体を中心とした行政による避難。それも結果として必ずしもうまくいかなくて、悲劇が起きました。ご存じのようにはじめ5kmとか10kmとかいったのですが、あまり最初から広くとると、ザーッと自動車が出てきて真ん中の人は逃げられない。実際にはお年寄りを避難させようとしてバスに乗せて、行っても行っても避難所がいっぱいで、結局2日間か3日間乗車していて、バスに乗っていた相当の方がバスで亡くなるという悲劇が当時ありました。

　今日に至るまで避難問題は、私も国会の委員会には籍を置いていますが、よくそれぞれの地域で課題になっているのです。ですからこの避難問題というのは基本的には自治体と国を含めた行政が、こういう場合にはこういうふうに逃げるということを、もっと迅速に対応できるように積極的に対処する必要があ

る、基本的にはそう思います。

　ただですね、いろんな事例を見ますと、例えば四国からずーっと伸びた佐田岬半島があって、その根元のところに伊方原発がある。その先にもかなりの人が住んでいる。その先は海で大分の方に伸びている。そこで何年か前に避難訓練をやったのです。避難訓練をやって、それより西にいた人を船で逃がそうと思ったら、その時台風が来て逃がせなかったという、笑い話にもならない話がある。悲劇になってはいけませんが。

　ですから避難の問題というのは、基本的に中央集権的にやるということはなかなか難しい。やはりそれぞれの自治体が、今でもやっているのですけども、いざ原発事故が起きた時の、緊急に避難しなければいけない範囲というものを想定して、それに対する完全な備えをするというのには、相当自治体が両面でそのことを、詰められるようにしておかないと、なかなかうまくいかない。もちろんめったに事故なんていうのは起きないことでもありますから、余計にそうですが、そういう点では避難という問題は同じような事故が起きたときに、うまく避難が計画どおり実施できるかということは、私にとっても心配というか、十分になっているとまではいえない。ただそれを十分な状況にするには自治体を中心とした避難計画とその準備が中心となるしかないのではないかと、こう考えています。

　山崎　ありがとうございました。具体的な避難計画等については自治体の判断が優先されるべきだと私も思うのですが、例えば、充分な避難計画が練られているか、避難訓練がなされているかぐらいでも、規制委員会での審議に挙がってもいいのではないかという趣旨でした。実際の現場を規制委員会の人達が理解するというのはなかなか難しいと思いますので、基本的な原案等は自治体からの原案作りということになると思うのですが。

　菅　それについては私も理解しているつもりですが、規制委員会にどこまでの役割を担わせるか。今でも別の意味で電力会社なりそれを応援する人たちが、「規制委員会は厳しすぎるのだ」ということを声高にいうところもあって、皆さん苦労されていますが。決して今おっしゃったことが間違っているというつもりはないのですが、やはり自治体を中心に計画を作って準備をしていかないと。規制委員会は中央集権的というか、よくも悪くも国に一つですから、それがあらゆる地域の具体的な避難計画をチェックするというのは、実体的には

相当難しいというのが私の感想です。

　山崎　ありがとうございました。もう一つ、原子力規制員会設置法が作られるときに、原子力基本法の一部改正が行われました。その中で特に議論になったのは、「わが国の安全保障に資する」という文言が国会の議論が不十分なまま入ったことでした。わが国の安全保障に資するというときの「安全保障」は、国の安全保障であるから日本の核武装を意味するのではないかという懸念もあったわけで、特に周辺国からそういう意見が出ました。菅さんは最初に原子力基本法に「安全保障に資する」という文言が入った時どのように思われたでしょうか。

　菅　申し訳ないのですが、そのあたりのことは、どういう表現で、いつどういう意味あいで使われたかは記憶にないです。ただ安全保障、もちろん広い意味でかかわるがないとは言いませんが、一般的な意味での安全保障と原子力規制は、私のイメージからすると、一部重なる部分があるとしても別建てのもので、原子力規制の方で安全保障の此処まで網羅するというのは無理だというのがこれは感想です。

　山崎　はい。「安全保障に資する」というのが入ったのは規制委員会設置法ではなくて、ある意味ではそれより上位にあると思われる原子力基本法ですね。1955年に中曽根さんが中心となって作り上げた法律です。それはもともと平和目的にかぎるということになっていたのですが、いつの間にか「安全保障に資する」という文言が突然入ってしまったので、それが日本の核武装に道を開くのではないかという、懸念が当時広がったということです。

　井原聰（東北大学名誉教授）　貴重なお話。大変勉強になりました。ありがとうございました。私は震災当時、仙台におりました。1週間くらいの間、大学はもう入れないので皆さん自宅待機になったのですけれど、心配で大学に出かけて行って連絡を取ろうとしても、留学生たちに全然連絡が取れない。非常にびっくりしたのは各国政府の大使館が民間のバスを大量にチャーターして、仙台に回していたのですね。それで、ザアーと留学生が国に帰ってしまった。

　それと対照的なのは日本の学生たちは、どこにも行くところがなかった。ここら辺に政府の感性といいますか、違いがすごくあるなあという印象を受けたので、ちょっと話をしたのですが、菅さんは原子力緊急事態宣言を出された時首相だったわけですが、いまだにこれは解けていないわけで、この時の宣言に

は、いろいろ話題になりましたけど、「危なくない」「危険ではない」「ただちに危険ではない」というような文言がついていろんな事態を引き起こしました。そういう原子力緊急事態宣言がいまだに解除されていないということについてお考えがありましたらお話いただければと思います。

菅　避難の問題はいまおっしゃったように、どちらかといえば外国の方のほうが敏感に行動された、というケースをたくさん聞いております。ただ言い訳になるかもしれませんが、先ほど申し上げたように例えば5km圏から、10km圏、20km圏、当然ながら面積でいうと2乗で利いてきますからものすごい人数になる。現実には避難を始めて避難所につくまで、2日間もかかってバスの中で亡くなったという、そういう別の意味の悲劇もある。その後の対応が十分とは言いませんが、そういう経験もあって、原発事故が起きた時の避難計画を各自治体があらかじめ作っておく。そういうことをこの10年間、それなりには各自治体で検討し、あるいはその後の政府もそれをフォローはしていると思っていますが、おっしゃるようにそれが十分なものであるかと聞かれると、なかなか十分とは私にも言い切れません。

　ただ本当に避難というのは、急がなきゃいけない場合と、その範囲を、どの範囲に第1段、第2段と決めるか、という問題が多分現場的にはあると思うのです。ですから早い時点で50km圏なんて言うと、真ん中の人が逃げられないなどという現実が当時あったものですから、十分だとは思いませんが、今は自治体ごとにそういう計画を積み上げて、最終的には国としては自治体、市町村あるいは都道府県段階で、そういう計画を用意しておくという。今、多少は進んでいますが、十分といえるかどうかまで、私も確信をもって言えませんけど、そういう問題だという風に、今の私の感想はそういうところです。

瀬川　今の関係で、一つおうかがいしたいんですけど、避難計画や避難訓練というのは福島第一原発事故の前も結構行われていて、JCO事故で特別措置法ができて、緊急事態宣言はそれに基づいて出ていたわけですよね。そこで菅さんは、事故前に避難訓練に参加したご記憶があるかどうか。それと実際とのマッチというか、どんな感じかというのを聞きたいところがあって、2008年に福島第一原発で大規模な総合防災訓練が行われているのですね。その時、菅さんは首相でなかったと思うのですが、その前に一回は訓練に参加された記憶がおありだと思うのですが、いかがですか。

菅　いま記憶を呼び起こしているのですが、私もそれ以前に厚生大臣とか経験したことがありますが、意識的に原発についての避難訓練にかかわったことがあるかどうかというと、はっきりとした記憶はありません。

　瀬川　ということは、2011年3月の当時の対応しているときに、訓練の時どうだったかなとか感じることは全くなかったというわけですよね。

　菅　多少役割を分けました。官房長官、副長官はどちらかといえば避難とかそういうことにかなり力を入れました。私は専門家ではありませんが、原発についての知識も多少あったものですから、事故そのものを、東電の人に来てもらったり東芝、日立の原発担当者に来てもらったり、大学の先輩・後輩にもいろいろと聞いたり、原発事故そのものの対応を中心に扱ってきました。どちらかといえば、避難については官房長官、副長官や他の閣僚に任せていたというのが私の現在の記憶です。

　瀬川　そこのところが今、すごく大きな問題になっているのです。実際に11年前どうだったのかという検証が全くないまま、さっき言われたように自治体避難計画を作っていますが、大して事故前と変わらないような避難計画で、逃げられもしない感じでいるわけですね。規制委員会はどっちかというと、屋内待避を基本とするという方針でやっている。いまこれから11年前のことがまだまだ記憶を思い起こして検証する余地があるのではないかと思います。

　舘野　それではそろそろ終わりにしたいと思います。

　菅　一つだけいいですか。今までの話の中でも申し上げたのですが、私自身は先ほど申し上げたように原発は一切日本でなくしても、十分に電力を含むエネルギーを供給できるし、世界も太陽光発電や風力で十分対応できるというふうに、非常に具体的な例でいろいろな所でそういう発言をしております。しかし残念ながら今の政府、日本全体の世論では、私のように完全にゼロでも大丈夫だから、それでいこうという人は、まあかなりの割合ではあるが、多数派とまではいえない状況だと思っています。いろんなところで議論もしていますが、いろんな角度の検討を皆さんにしていただくのは大変ありがたい。この問題、これから5年、10年、15年、原発をやめても大丈夫な社会を作るために政策的な力を注ぐのか、かなりの勢力はもう一回原発を、従来よりはより安全にということかもしれませんが、使い続けようとするのか、これは未来に向かっ

ての大きな選択だと思っています。そういう意味で、もちろんいろんな意見があることは当然ですけども、私は原発がなくても人類が必要とするエネルギーは、再生可能エネルギーを中心に、充分電力も確保できると思いますので、原発や化石燃料を将来使わない時代が実現できるということを前提とした政策転換がぜひ必要だと思っております、このこともぜひ皆さんにもご理解いただければと、最後の発言とさせていただきます。

参考文献と注（舘野淳作成）

* 1　菅直人、東電福島事故　総理大臣として考えたこと、40頁、幻冬舎新書 (2012).

* 2　ストレステストとは、一般的にあるシステムが加えられたストレス（外的な力、打撃など）にどれだけ耐えられるかを調べる試験であるが、原子炉に関しては原子力安全・保安院は次の様に述べている。「安全上重要な施設・機器等について、設計上の想定を超える事象に対して、どの程度の安全裕度が確保されているか評価する。評価は、許容値等に対しどの程度の裕度を有するかという観点から行う」（東京電力株式会社福島第一原子力発電所における事故を踏まえた既設の発電用原子炉施設の安全性に関する総合評価の実施について、別添1（2011年7月25日））。例えば、耐震設計の基準地震動が800ガルの原発に、1000ガル、1500ガルをかけた場合の破損状況などを調べる試験。

* 3　菅直人、東電福島原発事故　総理大臣として考えたこと、155-159、170-173頁、幻冬舎 (2012).

* 4　菅直人、原発事故10年目の真実　始動した再エネ水素社会、42頁、幻冬舎 (2021).

* 5　菅直人、東電福島原発事故　総理大臣として考えたこと、169,170,179,180頁、幻冬舎 (2012).

* 6　三条委員会と八条委員会。国家行政組織法は第三条で国の行政機関を定めており、また第八条は以下の様に規定している。「第三条の国の行政機関には、法律の定める所掌事務の範囲内で、法律又は政令の定めるところにより、重要事項に関する調査審議、不服審査その他学識経験を有する者等の合議により処理することが適当な事務をつかさどらせるための合議制の機関を置くことができる」。両者の違いについて新藤宗幸は次のように述べている。「『三条機関』は、一般に内閣からの独立性が高いとされている。実態としてどうかには多くの検討を要するが、

原子力規制委員会の設置時には、疑問視するむきよりは原子力規制行政の一定の『前進』とする評価が高かった」（新藤宗幸、原子力規制委員会、12頁、岩波新書 (2017))。

* 7　菅直人、原発事故10年目の真実　始動した再エネ水素社会、31頁、幻冬舎 (2021).

* 8　菅内閣は2011年9月2日に退陣、野田佳彦・民主党内閣に引き継がれた。

* 9　総括原価方式。戦前の民営電力会社に対して実施された「事業財産の減価償却費、営業費、事業の利得を総括したもの」を総括原価として、これを電気料金の認可基準とする方法を総括原価方式とよぶ（1933年より導入）。日中戦争中、電力会社は戦時下における総動員体制の一環としてすべて日本発送電に統一され（1938年）、さらに第二次大戦後、占領軍の命令により9電力体制への電力再編がおこなわれた（1951年）が、上記総括原価方式は存続した（例えば、中瀬哲史、日電気事業経営史、日本経済評論社 (2005))。なお、原子力発電との関連で総括原価方式を論じたものに、谷江武士、電力会社における総括原価方式―原子力発電と関連して―、名城論叢、第13巻、第4号、243-253頁 (2013) などがある。

* 10　茨城県東海村にある核燃料製造施設である株式会社JCOで1999年9月30日に臨界状態が発生し、大量の放射線を被曝した従業員が死亡し、また約20時間にわたって中性子線が施設から放出されて周辺住民が被曝した事故。

第2節　鈴木達治郎元原子力委員会委員長代理インタビュー 「民主党政権時代の原子力政策の回顧」

　日本の原子力技術とその歴史を考える際に、各地の原子力発電所と青森県の六ケ所村の核燃料サイクル（低レベル廃棄物埋設、高レベル廃棄物貯蔵、ウラン濃縮、再処理施設を含む）とが、一つの技術の体系を形成している点に注目することは重要と思われる。核不拡散条約体制の下で、非核保有の単独の国としてウラン濃縮と再処理施設の両方を持つのは日本だけという特別な事情もある。鈴木達治郎氏に2022年9月16日、両者の関係性に焦点を当ててインタビューした。

（1）民主党の政治主導と原子力政策

　山崎正勝　民主党政権ではマニフェストに「政治主導」を掲げましたが、その結果、官僚、専門家を使いきれなかったとの意見があります。原子力行政の場合は、どうでしたか。

　鈴木達治郎　政治主導であった部分とそうでなかった部分がありましたが、例えば、私の原子力委員選出は、民主党政権で政治主導がなければなかったのではないでしょうか。当時、内閣府大臣政務官だった津村啓介氏が、最初に出てきた候補を採用せず、従来の委員に比べて若い、いろいろな意見を持った候補を自分で探したと聞きました。私は60歳前で、大庭三枝さん（非常勤、東京理科大准教授（当時）、現在神奈川大学教授、専門は国際政治学）などが採用されました。[*1]

　政策的には、福島第一原発事故以前の民主党は自民党と同等か、ある面では自民党以上に原子力推進でした。鳩山政権時代の2010年のエネルギー基本計画では、温暖化対策もあって原発比率を50％まで伸ばし、原発輸出についてもベトナムやトルコなどに積極的で、それを国際成長戦略の中にも入れるということで、それが原子力委員会の最初の仕事になりました。これも政治主導かもしれません。

　民主党政権は政策決定過程の民主化を大きく掲げていて、オバマ政権の「オープンガバメント」を参考に、インターネットやウェブサイトを使って広

く国民の意見を取り入れる仕組みを作る動きをしました。原子力委員会もパブリック・コメントの取り入れ方を変えようと、原子力の国際成長戦略を作るときに、（審議会方式ではなく）「誰でも政府案にコメントできるが根拠を示す」というイギリスのやり方を採用しました。結果的には予想以上に自著の売り込みが多くて困りましたが、政策決定の民主化を推進するということは、当時の民主党政権に強くありました。

　事故の後になると、特にその直後は、経済産業省や文部科学省の中にも、原子力政策をゼロから見直すという雰囲気がありました。

（2）脱原子力政策

　山崎　菅直人政権では、首相のリーダーシップで「脱原発宣言」が出されましたが、構想だけにとどまった感も否定できません。野田政権になると、原発政策の見直しと原発ゼロを展望した3つのシナリオが作られ、2012年6月から、国民に意見を求めました。この時政府は、「原発比率15%」という方針を望んだと伝えられています。原子力委員会としては、どういう議論があり、どのような立場だったのでしょうか。

　鈴木　菅首相は2011年の7月に「原発に依存しない社会」を目指す、そのためにエネルギー政策をゼロから見直すといわれました。[*2] その後、菅さんは民主党の民主化政策に沿って、政策決定のプロセスをガラッと変えました。それまでは経産省のエネルギー総合調査会が中心となってエネルギー基本計画（閣議決定）を決め、原子力委員会は原子力政策大綱（2000年以前は長期計画）を作っていたのですが、それらの上にエネルギー・環境会議という閣僚会議を作りました。[*3] これは画期的でした。さらに資源エネルギー庁の中に基本問題委員会を作るときに、これまでエネルギー政策に従事した人たちだけではなく、原子力に批判的な専門家を半分ぐらい入れました。[*4] 会議はすべて公開とし、パブリック・コメントもしっかりとるなど、プロセスの民主化ということについては、気を配ってやりました。

　原子力委員会は事故直後に、内部で原子力発電のコストの見直しの「勉強会」をはじめました。これをやっている最中の2011年8月頃に、原子力担当の細野豪志・国務大臣（原発事故の収束及び再発防止担当大臣）から核燃料サイクルの見直しをやるよう指示が来ました。エネルギー基本問題委員会にインプッ

トしなければいけないので、次の年（2012年）の1月か2月までに作ってくれと、急がされました。それと同時に2011年10月ころから、福島第一原発事故後に中断していた原子力政策大綱の議論を復活させました。[*5]

　この時にメンバーや議論の進め方をどうするか、悩みました。事故前のことですが、準備のための会合を普通にやっていたところ、そこで出た資料が電気事業連合会（電事連）に流れていたことがありました。次の準備会合のときに、事前に資料が漏れていて電事連からコメントが返ってきて、びっくりしました。内部の会合に、「電事連のコメントが来るのはおかしい。今後は資料を外部に出すべきでない」と発言し、近藤委員長は一応認められたのですが、結果的に資料流出は後まで続きました。前述した内部の勉強会の存在や電事連との関係などが毎日新聞のスクープ記事につながりました。[*6]

　従来から原子力政策大綱をゼロから見直すには、原子力発電の発電比率も見直さなければならないので、それを議論しようとしたところ、それは経済産業省のエネルギー政策のところで行うので、議論しなくてよいと言われ、両者は並行して議論することになりました。原子力比率の選択肢については経産省から資料が来るので、それに基づいて原子力委員会の議論を進めることになりました。一番の違いは原子力委員会での議論では、高速炉なども含め長期に考える必要があるので、2040年、50年と長期に見ますが、エネルギー基本問題委員会の議論は2030年で切れることでした。結果として、長期の見通しについては、報告ではなく議論の材料の扱いになりました。

（3）三つの選択肢

　鈴木　2030年段階の原子力の比率の選択肢は、最終的に「ゼロ」・「15%」・「20~25%」というシナリオになりました。[*7] 25%は福島第一原発事故直前の比率で、経産省は「現状維持」という言い方をしていました。しかし、それは無理ではないかという意見があり、「20~25%」という幅ができましたが、経産省はそれを基本的に現状維持と考えていました。また、詳しく報道されなかったのですが、「15%」シナリオの場合でも、2030年以降は原子力の比率が上がるかもしれないという想定もあり、フェードアウトという前提ではありませんでした。当時の経産省、政府、原子力委員会も、「ゼロ」・「15%」・「20~25%」を示して、世論調査を取れば多分、真ん中の「15%」に来るだろうという、一

言でいえば安易な考え方でした。「15%」としておけば、原子力低減にも取れるし、将来は原子力の拡大もできるので、経産省は最初からこれをいっていました。

　このシナリオに沿って、原子力委員会では核燃料サイクルの見直しをしました。ゼロシナリオになれば再処理撤退・直接処分だが、15%・20〜25%シナリオの場合は、先行きが分からない。現状維持の20〜25%シナリオでも、2030年以降に原子力発電の比率が下がることもあるというような話しすらありました。

　将来がどうなるか分からないのであれば、核燃料サイクルは柔軟な方がよいので、「再処理と直接処分の併存」という選択肢を出したのですが、20〜25%は現状維持だから全量再処理も入れるべきという意見が原子力委員会内部や事務局からありました。青森県からも反対があって、20〜25%のケースでも「全量再処理」という言葉を入れてほしいといわれ、20〜25%シナリオの中にも併存と並んで「全量再処理」を入れることになりました。[8]

山崎　2012年6月5日の朝日新聞に鈴木先生が、「全量再処理からの撤退を明確にした方がいい」と発言されたという記事が出ました。これは今お話になった流れのなかで、いっておかなければまずいという判断からだったのでしょうか。

鈴木　核燃料サイクルの見直しを議論した小委員会では、「ゼロ」シナリオ以外は将来の不確実性を考えて「直接処分と再処理の併存が妥当」ということで委員の意見がまとまっていました。原子力委員の中には「全量再処理を維持すべき」（今変更する必要はない）という意見も残っていました。20〜25%でも将来の不確実性を考えれば、「併存」が最も妥当だと考えていましたので、「（柔軟性を確保するという面から）全量再処理からは撤退すべき」という趣旨の発言をしました。

山崎　政府と原子力委員会は、「15%シナリオ」で進められると考えていたようですが、その後、一般の国民の意見を聴取しました。それもいいっぱなしではなく、討論型世論調査という、討論を経たうえで結論を出すというユニークなやり方でやられました。討論前の段階でも「ゼロシナリオ」の割合が高かったのですが、討論を経ても「15%シナリオ」の割合はそれほど変化せず、かえって「ゼロシナリオ」支持が増えました。2012年8月23日の朝日新聞朝

刊は、「『原発ゼロ』誤算の政権　本命『15％』支持伸びず」と報じました。この結果、中道がよいとして「15％シナリオ」選択に期待してきた政府側の思惑が崩れたと言われました。国民が原発ゼロを強く求めたことを、原子力委員会はどのように受け止めたのでしょうか。

　　鈴木　原子力委員会の皆さんには、意外な感じでした。世論調査については、結果の分析とまとめを外部の専門家に依頼しました。その報告書では「多くの国民が時期はともかく、原発をゼロにすることを望んでいる表れだ」とされました。これでどこかの時点で原発ゼロにしなければいけないという雰囲気ができてしまいました。原発ゼロとなると、全量直接処分ということになります。

　　私としては、それを目指すとしても、青森県の意向もあるので、直接処分と再処理の併存はどうかという論調で話をしていました。ところが当時、毎日新聞のスキャンダルで原子力委員会の影響力が失墜してしまっていました。私も古川元久国家戦略担当大臣と話して、これなら青森県も納得してくれるだろうと考えていました。しかし青森県、六ヶ所村からは全量再処理政策を維持すべきとの意見が強く、反対されてしまいました。

（4）青森県の反応

　　山崎　2012年9月15日に枝野幸男経産大臣が青森県に行き、話し合いをしたという新聞報道がありますが、結果は平行線に終わったとされています。その後、さらに立ち入った話をしたという形跡はないようです。そういう理解でよいでしょうか。

　　鈴木　私の記憶では、8月に経産省の官僚の方が青森県に何回も行っていて、逐次、政府側の報告をしています。

　　山崎　その報告資料は残っているのでしょうか。

　　鈴木　経産省にはあるかもしれないですが、原子力委員会にはすべて口頭の説明で資料は残っていません。7月の段階で青森県は、併存で行くことと、「20~25％」にも全量再処理を残すということで一旦は了解したと聞いていました。その後、原発ゼロの話になって、「ダメ」という返事が青森県から来てしまったということです。そのため8月には経産省は何度も青森県に話に行っています。私も、今後何年になるか、規模をどうするかは別として、六ヶ所村

核燃料サイクル施設は当面維持する（キャンセルしない）ことを政府が青森県に保証することを伝えるようにいっていました。しかし、原発ゼロが大きく報じられたころには、併存も拒まれてしまいました。

また2010年ころから、イギリスから高レベル放射性廃棄物の返還受入が求められていました。福島第一原発事故後、しびれを切らせたイギリスは輸送船を出してしまったのですが、青森県は受取を拒否しました。輸送船の引返し要請となると外交問題になるので、外務省が難色を示し、早く青森県と決着を付けるよう求められ、結局、原発ゼロで再処理は現状のままという矛盾する結論になりました。私はありえない政策だと思い、強く反対したのですが孤立状態でした。

山崎　エネルギー環境会議の2012年9月14日決定「革新的エネルギー・環境戦略」でも、冒頭の「原子力に依存しない社会の一日も早い実現」の部分に「青森県の協力」ということがいわれています[*9]。これは原子力政策の見直しをするには、再処理施設がある青森県の理解が重要という認識が政府側にあったと取れます。そういう理解でよいのでしょうか。

鈴木　その通りです。核燃料サイクルの政策変更をするなら、地元の方たちの理解が重要なので、地元の人たちの意見を尊重する形でやってほしいといっていました。変更するのであれば、それ相当の支援策や代替案を出したりすることは必要だという議論もしていました。

山崎　青森県から撤退するのであれば、何らかのそれに代わる支援策が取られなければならないというのは一般的な常識だし、そういう意見は国内外にありましたが、具体的な支援の内容が、少なくとも表に出てなかったように思います。

鈴木　私の知る限り、いろいろあったと思いますが、全部拒否されました。電力関係の方々は、六ヶ所村核燃料サイクル施設がキャンセルになったら、債務保証をしなければならないと盛んにいわれていました。経産省も債務保証を考えていたようですが、法律的に難しいと言われてしまいました。民間事業を政府がキャンセルし、政府が支援するというのはないということでした。

山崎　そうするとその問題は、今でも残っているのでしょうか。

鈴木　そうではありません。2016年に再処理等拠出金法（正式名称は、原子力発電における使用済燃料の再処理等の実施に関する法律）が通り[*10]、その後、再処理

事業は国家管理事業になっていますので、もはや純粋な民間事業ではありません。したがって、もし政府の責任で再処理事業を停止した場合、民間事業者に対し損害補償をすることも理論上はできることになります。また、プルトニウムバランスなどの状況から再処理のペースを落とす必要があれば、政府の判断でできることになります。この点は後述する米国との関係で、この法律の「プラス面」として説明していたようです。

（5）米国の反応

山崎 米国との関係は、どうだったのでしょうか。以前にこの研究会で遠藤哲也さんから、原発ゼロ政策をとるならば、再処理施設の縮小・閉鎖とセットになるべきとの主張があったという話を聞いていますが、いかがだったのでしょうか。2012年9月12日に長島昭久さんが、原発ゼロ政策の説明に訪米した時の野田首相への報告にその内容があったと思われますが、その時の元資料を見つけることができませんでした。

鈴木 私の理解では、遠藤さんのコメントはほぼ正しいと思います。長島さんだけでなく、その後外務省の方も何度もアメリカに行かれて、その都度、原子力委員会に報告メモが来ました。内容はほとんど同じで、原発ゼロにするのは日本政府の決定だから許容するけれども、その場合、再処理をどうするのか、プルトニウムをどうするのかの解答が見えないので、それについては整合性を取ってほしいというものでした。最初はリクエストだったものが、だんだん強くなり、なぜ、再処理するのか、再処理するなら原発を動かせというように変わりました。

私自身が翌年にアメリカに出張した時に、アメリカの政府関係者と話をして、その報告が原子力委員会の定例会に出ていますので、その資料からアメリカ側の主張が読み取れるのではないでしょうか。[*11]

（6）原子力規制委員会設置法に関連した原子力基本法の改正

山崎 原子力規制委員会設置法の付則の第12条で、原子力基本法の一部改正が行われ、原子力基本法第2条に2項が設けられて「我が国の安全保障に資する」という文言が付け加えられました。[*12]この文言の追加で、日本の核武装を含意するのではないかという懸念が、国内外で広がりました。[*13]この点について

原子力委員会では、どのように理解されたのでしょうか。

　また、この文言の前にある「確立された国際的な基準を踏まえて国民の生命…環境の保全」が、その後、ICRP（国際放射線防護委員会）の放射線防護基準に基づくと理解されていったように思われますが、どうでしょうか。

　鈴木　規制委員会の設置については、原子力委員会にはほとんど情報が来ませんでした。安全保障という文字が入ったというのは、ニュースで知りました。原子力委員会の仕事に、核セキュリティが入ったが、総務省がカタカナの入るのを嫌がった経緯があったと聞いています[*14]。原子力基本法の第2条の「安全の確保を旨として」の部分に「核セキュリティ」を入れるか、第2条2項を「前項の安全の確保については、…核セキュリティの確保を目的として…」などとすれば、何の問題もなかったように思います。

　山崎　普通は条文の最初に書かれていたことが一般的なので、原子力基本法の第2条の「原子力利用は、平和の目的に限り」が前提になった上で、その枠組みの中で2項が追加されたという趣旨のことを、以前に鈴木先生からお伺いしました。

　鈴木　その通りで、そういう解釈で原子力委員会は説明しました。「国際的な基準」についてはICRPだけではなくて、国際原子力機関（IAEA）の基準でもありました。福島第一原発事故以前にIAEAの安全基準を満たしていなかったところが一部にあり、IAEAの国際基準を満たすようにするというのが元の意味でした。

　なお、原子力規制委員会法の改正の時に、40年基準を入れましたが、これは原発ゼロにする手段でもありました。しかし「例外的に延長する」とされてしまいました。技術的に判断する規制委員会が、例外的に認めるというのは難しいです。一つ延長を認めると、他を認めないことができなくなります。運転（許認可）期限の延長は、技術的には大変不確実で困難な作業なので、単純に「延長する」ということはなかなかいえないと思います。

　さらに規制委員会の仕事に、避難計画も落ちてしまいました。毎日新聞の取材によると、国会議員の方々が忘れていたということです。規制委員会法の「例外」条項を取り除いたり、避難計画も入れたりするなどの法改正を国会が行うことが必要だと思います。

（7）参加者からの質問

野口邦和　原子力基本法第2条2項の「我が国の安全保障に資する」は、後から付け加えられたものです。何年か前にある憲法学者から、同一の法形式の間では後法が前法に優先して適用されるとする「後法優先の原則」あるいは「後法優越の原則」があることを教えていただきました。法学部に入ると、最初に習うのがこの原則だというのです。要するに、前の法で至らないところがあるので後の法ができたのであるから、同一の事柄に関して前法と後法とで矛盾する内容が規定されていれば、後法を優先するのが立法者の意図に沿うという考え方に基づく法適用順位の判断手法なのだというのです。

　この視点からすると、第2条1項の「原子力の利用は、平和の目的に限り」という平和原則と同条2項の「我が国の安全保障に資する」との間に矛盾が出てきたときは、後のものが優先されることになるのではないでしょうか。合衆国憲法なども、古い部分は消されずに、追加される方式ですね。[*15]原子力基本法の場合、第2条2項が残っていると、将来どうなるか不安が残ると思います。

鈴木　規制委員会設置法の審議で、短時間に原子力基本法を改正したのは、国会軽視ともいえる問題と思います。原子力基本法の「安全保障に資する」の文章は、できれば改正したほうがよいでしょう。上にある条文が優勢というのが私の理解で、そうでないとすると厄介ですね。

岡本良治（九州工業大学名誉教授）　安全保障（セキュリティ）という言葉には多義性があり、国家安全保障だけでなくエネルギー安全保障、さらには人間の安全保障という言い方もあります。原子力基本法に入った安全保障というのは、どれを指すのでしょうか、法律的に確定的なのか疑問です。

鈴木　安全保障の解釈が自由にできるところが問題です。時の政権で勝手に解釈されてしまうのが一番恐ろしいので、はっきりその趣旨が伝わるような文章に変えるのが必要でしょう。

後藤政志　安全保障もテロなど現実の方が進んでいます。議論が後追いになっていると思います。現実をもっと直視する必要があります。その意味で特に技術系の人たちは福島事故について、徹底した議論をすべきですが、それをせずに、安全が確保できていない段階で、再稼働や40年の延長問題を議論していないでしょうか。再処理施設についても、同様だと思います。

瀬川嘉之（高木学校）　原子力基本法に追加された「国際的基準」に関連して、IAEA の基準を満たしていないと発言されましたが、それは深層防護がされていないということでしょうか。[*16]

　鈴木　深層防護問題が大きかったですが、その他にもいろいろありました。原子力委員会は管轄外でしたが、安全委員会では問題になっていました。シビアアクシデント問題や避難計画などがありました。

　瀬川　ICRP の議論は念頭になかったということですが、ICRP と関係が深い放射線審議会は IAEA 関係のことをやっていません。どうしてなのでしょうか。

　鈴木　放射線審議会のことは私もよく分かりません。避難基準を議論した時には ICRP 以外に国際基準がないので20~100ミリシーベルト（mSv）の最低レベルということで20mSv にしました。それ以下については緊急時について国際的基準がありません。チェルノブイリの時は、5年後に5mSv になりましたが、かなり早い段階で政府が1mSv に近づけると言ってしまったので、それより高い5mSv にできなくなってしまったのだと思います。

　千葉庫三（東工大大学院生、元国立天文台技術職員）　原子力規制委員会の構成員の出身母体からの独立性と技術的能力については、どうでしょうか。

　鈴木　制度的独立性が担保できても、技術的独立性がないとダメだと思います。ノーリターンルールが作られたり、原子力安全基盤機構を作ったりしていました。[*17]しかし、ノーリターンルールが守られていない問題があります。

　米国原子力規制委員会（NRC）には NRC に対し技術面で評価・助言をする諮問委員会があります。日本の原子力規制委員会にも審議会はありますが、規制委員会の活動全般に対し、技術的な評価をするところがありません。さらに規制委員会の5人に担当が決まっています。問題ごとの判断がその担当者に依存するため担当を決めない方がよいと思います。本来は5人の投票または合意で決めるべきです。

　後藤　原子力規制委員会のメンバーを選ぶときに、人選に独立したチェックを入れるべきです。

　鈴木　日本の場合は、候補が決定するまでに政党間の調整が行われます。一旦名簿に載ってしまったら、原子力規制委員でも原子力委員でも、そのまま国会を通ってしまうことがほとんどです。米国の場合は、議会に出てきて受け答

えが求められますが、そういうシステムが日本にも必要でしょう。

参考文献と注

＊1　他の委員は、近藤駿介委員長（東大名誉教授、原子力工学）、尾本彰（非常勤、東京工業大学特任教授、原子力工学、東電顧問）、秋庭悦子（あすかエネルギーフォーラム理事長）。

＊2　菅直人首相の「脱原発宣言」については、https://www.asahi.com/special/10005/TKY201107130598.html を参照、2022年6月30日閲覧。

＊3　エネルギー・環境会議については、https://www.cas.go.jp/jp/seisaku/npu/policy09/archive01.html を参照、2022年6月30日閲覧。

＊4　基本問題検討委員会については、https://warp.da.ndl.go.jp/collections/info:ndljp/pid/3507232/www.enecho.meti.go.jp/info/committee/kihonmondai/index.htm を参照、2022年6月30日閲覧。委員には、従来も参加していた伴英幸・認定NPO法人原子力資料情報室共同代表や、阿南久・全国消費者団体連絡会事務局長に加え、飯田哲也・NPO法人環境エネルギー政策研究所所長、大島堅一・立命館大学教授、枝廣淳子・幸せ経済社会研究所所長などが入った。また、2011年10月3日の最初の会議で、枝野経産相は、「本来こうあるべきであるという姿をお示しいただき、そこに向かってどうやって早く近づいていくのかという議論を進めていただきたい」、「ここで妥協点を探るといった発想ではなくて、しっかりとした事実関係や根拠の確認を議論の中でしていただきながら、地に足の着いたご議論をお願いしたい」と語っている。

＊5　原子力政策大綱の議論再開については、http://www.aec.go.jp/jicst/NC/about/kettei/kettei101130.pdf を参照、2022年6月30日閲覧。メンバーは原子力発電関係団体協議会会長が谷本正憲・石川県知事から三村申吾・青森県知事に代わったため翌年4月に変更された。http://www.aec.go.jp/jicst/NC/about/kettei/kettei110412_1.pdf を参照、2022年6月30日閲覧。

＊6　毎日新聞、秘密会で評価書き換え(2012年5月24日)のこと。これに対する原子力委員会の反応については、http://www.aec.go.jp/jicst/NC/about/kettei/seimei/120525.pdf を参照、2022年6月30日閲覧。鈴木達治郎、核兵器と原発 日本が抱える「核」のジレンマ、83-87頁、講談社(2017)に、著者本人の体験が記されている。

＊7　エネルギー環境会議の「エネルギー・環境に関する選択肢」については、https://www.cas.go.jp/jp/seisaku/npu/policy09/pdf/20120629/20120629_1.pdf を参照、2022年6月30日閲覧。原子力委員会の「核燃料サイクル政策の選択肢」については、http://www.aec.go.jp/jicst/NC/about/kettei/kettei120621_2.pdf を参照、2022年6月30日閲覧。

＊8　2012年6月21日の原子力委員会決定「核燃料サイクルの選択肢について」については、http://www.aec.go.jp/jicst/NC/about/kettei/kettei120621_2.pdf を参照、2022年6月30日閲覧。

＊9　「革新的エネルギー・環境戦略」の最初の「原子力に依存しない社会の一日も早い実現」の部分に「長い間、私たちは使用済核燃料の処理や処分の方法に目途が立っていないことに、目を背けてきた。この問題には、過去の長い経緯とその間の青森県の協力があったという事実に、消費地も含めて国民全体で真摯に向き合うところから始めた上で、今回こそ先送りせずに解決の道を見出していく」とある。

https://www.cas.go.jp/jp/seisaku/npu/policy09/pdf/20120914/20120914_1.pdf、を参照、2022年6月30日閲覧。

＊10　正式名称は、「原子力発電における使用済燃料の再処理等の実施に関する法律」である。

https://www.shugiin.go.jp/internet/itdb_housei.nsf/html/housei/19020160518040.htm、https://www.enecho.meti.go.jp/committee/council/basic_policy_subcommittee/020/pdf/020_006.pdf を参照、2022年6月30日閲覧。

＊11　「革新的エネルギー・環境戦略」の最初の「原子力に依存しない社会の一日も早い実現」の部分に「長い間、私たちは使用済核燃料の処理や処分の方法に目途が立っていないことに、目を背けてきた。この問題には、過去の長い経緯とその間の青森県の協力があったという事実に、消費地も含めて国民全体で真摯に向き合うところから始めた上で、今回こそ先送りせずに解決の道を見出していく」とある。

https://www.cas.go.jp/jp/seisaku/npu/policy09/pdf/20120914/20120914_1.pdf を参照、2022年6月30日閲覧。

＊12　原子力規制委員会設置法については、https://www.shugiin.go.jp/internet/itdb_housei.nsf/html/housei/18020120627047.htm を参照、2022年6月30日閲覧。

* 13　代表的な報道は、東京新聞、「『原子力の憲法』こっそり変更」であった（2012年6月21日）。 https://web.archive.org/web/20120622093053/http://www.tokyonp.co.jp/article/national/news/CK2012062102000113.html、2022年6月30日閲覧。このスクープが出た段階では、参議院審議で付帯決議が付けられたものの、すでに法案は成立していた。この記事の背景については、東京新聞編集局、原発報道　東京新聞はこう伝えた、148頁、東京新聞 (2012) に言及がある。

* 14　核セキュリティについては、次の外務省サイトを参照。https://www.mofa.go.jp/mofaj/dns/n_s_ne/page22_000968.html、2022年6月30日閲覧。

* 15　アメリカ合衆国憲法では、例えば1919年に禁酒を定めた修正第18条は、そのまま残った形で1933年に修正第21条で同条項が全面廃止されている。

* 16　深層防護については、https://atomica.jaea.go.jp/dic/detail/dic_detail_402.html を参照、2022年6月30日閲覧。

* 17　原子力安全基盤機構については、https://warp.da.ndl.go.jp/info:ndljp/pid/8405841/www.jnes.go.jp/ を参照、2022年6月30日閲覧。

著者略歴 （順不同）

山崎 正勝 （やまざき まさかつ）

1944年静岡市生まれ、東京目黒で育つ。1967年東京工業大学理工学部物理学科卒業。1972年同大大学院理工学研究科物理学専攻博士課程修了、理学博士。専門は科学史、科学論。1976年三重大学教育学部助教授を経て、1982年東京工業大学工学部人文社会群助教授（科学概論を担当）、1988年同教授、1996年同大社会理工学研究科経営工学専攻教授、2010年より東京工業大学名誉教授。

著書：単著として『日本の核開発』（績文堂、科学ジャーナリスト賞優秀賞受賞）。共編著として『原爆はこうして開発された』（青木書店）など。各国の核開発の歴史、原子力の現代史、科学者の戦争への関与問題などを追究。

舘野 淳 （たての じゅん）

1936年旧奉天市生まれ。1959年東京大学工学部応用化学科卒業。工学博士。日本原子力研究所員をへて、1997年から中央大学商学部教授。2007年中央大学退職。

著書：単著として『廃炉時代が始まった』（朝日新聞社、リーダーズノート社）、『シビアアクシデントの脅威』（東洋書店）。共著として『地球をまわる放射能―核燃料サイクルと原発』（大月書店）、『徹底解明東海村臨界事故』（新日本出版社）、『原発より危険な六ヶ所再処理工場』（本の泉社）、『福島第一原発事故10年の再検証』（あけび書房）など。

鈴木 達治郎 （すずき たつじろう）

1951年大阪府大阪市生まれ。1975年東京大学工学部原子力工学科卒。1979年米マサチューセッツ工科（MIT）大学「技術と政策」プログラム修士卒。1988年東京大学工学博士。MITエネルギー環境政策研究センター、（財）電力中央研究所などを経て、2010年1月～2014年3月に原子力委員会委員長代理。2014年4月より長崎大学核兵器廃絶研究センター教授。

著書：単著として『核兵器と原発』（講談社現代新書）。共編著として『核の脅威にどう対処すべきか：北東アジアの非核化と安全保障』（法律文化社）、『核なき世界への選択―非核兵器地帯の歴史から学ぶ』（RECNA）。

市川 浩（いちかわ ひろし）

1957年京都市生まれ。1982年大阪外国語大学ロシア語学科卒業。1989年大阪市立大学大学院経営学研究科単位取得退学。博士（商学）。1989年から広島大学総合科学部に勤務。講師、助教授、教授を経て、2023年4月より広島大学名誉教授・同平和センター客員研究員。専攻は科学・技術史。

著書：単著として『冷戦と科学技術—旧ソ連邦1945～1955年—』（ミネルヴァ書房）、*Soviet Science and Engineering in the Shadow of the Cold War*（Routledge Publisher）、『核時代の科学と社会—初期原爆開発をめぐるヒストリオグラフィー—』（丸善出版）、『ソ連核開発全史』（ちくま新書）。編著として『科学の参謀本部—ロシア／ソ連邦科学アカデミーに関する国際共同研究—』（北海道大学出版会）。

後藤 政志（ごとう まさし）

1949年東京都世田谷区生まれ。1973年広島大学工学部船舶工学科卒、同年に三井海洋開発（株）入社、海底石油掘削リグ等の海洋構造物の設計に従事。1989年（株）東芝入社、原子力発電プラント設計に従事。沸騰水型の原子炉格納容器の設計と耐性評価研究に従事し2009年退職。以降、芝浦工業大学、明治大学等で非常勤講師として科学技術史、機械設計、設計論、事故論を専攻。現在、星槎大学非常勤講師。博士（工学）東京工業大学。

著書：単著として『原発を「作ったから言える」こと』（クレヨンハウス）。共著として『21世紀の全技術』（藤原書店）、『原発を終わらせる』（岩波新書）。

寿楽 浩太（じゅらく こうた）

1980年千葉市生まれ。2003年東京大学文学部卒、2008年東京大学大学院学際情報学府博士課程単位取得退学。2011年東京大学博士（学際情報学）。専門は科学技術社会学。東京大学大学院工学系研究科特任助教、東京電機大学未来科学部助教、同工学部准教授を経て、2020年10月より東京電機大学工学部人間科学系列教授。

著書：単著として『科学技術の失敗から学ぶということ：リスクとレジリエンスの時代に向けて』（オーム社）。共編著として Reflections on the Fukushima Daiichi Nuclear Accident: Toward Social-Scientific Literacy and Engineering Resilience（Springer）など。

内藤 正則（ないとう まさのり）

茨城県日立市出身。1967年東北大学工学部原子核工学科卒業後、（株）日立製作所日立研究所、（財）原子力発電技術機構、（一財）エネルギー総合工学研究所を経て現在、アドバンスソフト（株）理事・原子力安全工学センター長。1984年工学博士。専門は原子力工学。1991〜1995年筑波大学基礎工学類非常勤講師、2005〜2013年法政大学工学部非常勤講師、2005〜2008年東京大学大学院工学系研究科客員研究員。日本原子力学会熱流動部会・計算科学技術部会部会長、日本混相流学会理事・会長を歴任。日本原子力学会技術賞・論文賞・技術開発賞、部会功績賞、日本混相流学会業績賞、等を受賞。2006年経済産業大臣より原子力安全功労者顕彰。

野口 邦和（のぐち くにかず）

1952年千葉県佐原市（現香取市）生まれ。1975年東京教育大学理学部化学科卒業、1977年同大学大学院理学研究科修士課程修了、博士（理学）。専攻は放射線防護学・環境放射線学。1977年日本大学助手・専任講師・准教授を経て、2018年定年退職。元福島県本宮市放射線健康リスク管理アドバイザー。現在は非核の政府を求める会常任世話人、原水爆禁止世界大会運営委員会共同代表。

著書：単著として『山と空と放射線』（リベルタ出版）、『放射能事件ファイル』（新日本出版社）、『放射能のはなし』（同）。共著として『地球核汚染』（リベルタ出版）、『放射線被曝の理科・社会』（かもがわ出版）、『北朝鮮の核攻撃がよくわかる本』（宝島社）、『福島第一原発事故10年の再検証』（あけび書房）など。

証言と検証　福島事故後の原子力
あれから変わったもの、変わらなかったもの

2023年10月18日　　第1刷発行 ©

編　者 ― 山崎正勝、舘野淳、鈴木達治郎
発行者 ― 岡林信一
発行所 ― あけび書房株式会社
　　　　　〒167-0054　東京都杉並区松庵 3-39-13-103
　　　　　☎ 03. 5888. 4142　FAX 03. 5888. 4448
info@akebishobo.com　https://akebishobo.com

印刷・製本／モリモト印刷
ISBN978-4-87154-237-1　c3036

その時、どのように命を守るか？

原発で重大事故

児玉一八著　原発で重大事故が起こってしまった際にどのようにして命を守るか。放射線を浴びないための方法など、事故後のどんな時期に何に気を付ければいいかを説明し、できる限りリスクを小さくするための行動・判断について紹介する。

2200 円

海の中から地球が見える

武本匡弘著　気候変動の影響による海の壊滅的な姿。海も地球そのものも破壊してしまう戦争。ダイビングキャリア40年以上のプロダイバーが、気候危機打開、地球環境と平和が調和する活動への道筋を探る。

1980 円

忍び寄るトンデモの正体

カルト・オカルト

左巻健男、鈴木エイト、藤倉善郎 編　統一教会、江戸しぐさ、オーリング…。カルト、オカルト、ニセ科学についての論説を収録。それらを信じてしまう心理、科学とオカルトとの関係、たくさんあるニセ科学の中で今も蠢いているものの実態を明らかにする。

2200 円

毎日メディアカフェの9年間の挑戦

人をつなぐ、物語りをつむぐ

斗ヶ沢秀俊著　2014年に設立され、記者報告会、サイエンスカフェ、企業・団体のCSR活動、東日本大震災被災地支援やマルシェなど1000件ものイベントを実施してきた毎日メディアカフェ。その9年間の軌跡をまとめる。
【推薦】糸井重里

2200 円

3・11から10年とコロナ禍の今、ポスト原発を読む

吉井英勝著 原子核工学の専門家として、大震災による原発事故を予見し追及してきた元衆議院議員が、コロナ禍を経た今こそ再生可能エネルギー普及での国と地域社会再生の重要さを説く。

1760 円

市民パワーでCO2も原発もゼロに

再生可能エネルギー100％時代の到来

和田武著 原発ゼロ、再生可能エネルギー１００％は世界の流れ。日本が遅れている原因を解明し、世界各国・日本各地の優れた取り組みを紹介。

1540 円

福島原発事故を踏まえて、日本の未来を考える

脱原発、再生可能エネルギー中心の社会へ

和田武著 世界各国の地球温暖化防止＆脱原発エネルギー政策と実施の現状、そして、日本での実現の道筋を分かりやく記し、脱原発の経済的優位性も明らかにする。

1540 円

憲法９条を護り、地球温暖化を防止するために

環境と平和

和田武著 確実に進行している環境破棄と起きるかもしれない戦争・軍事活動。この二つの問題を不可分かつ総合的に捉える解決策を示す。

1650 円

ひろしま・基町あいおい通り

原爆スラムと呼ばれたまち

石丸紀興、千葉桂司、矢野正和、山下和也著 原爆ドーム北側の相生通り。半世紀前、今からは想像もつかない風景がそこにあった。その詳細な記録。

【推薦】こうの史代

2200 円

CO2削減と電力安定供給をどう両立させるか？

気候変動対策と原発・再エネ

岩井孝、歌川学、児玉一八、舘野淳、野口邦和、和田武著　ロシアの戦争でより明らかに！　エネルギー自給、原発からの撤退、残された時間がない気候変動対策の解決策。

2200 円

新型コロナからがん、放射線まで

科学リテラシーを磨くための7つの話

一ノ瀬正樹、児玉一八、小波秀雄、高野徹、高橋久仁子、ナカイサヤカ、名取宏著　新型コロナと戦っているのに、逆に新たな危険を振りまくニセ医学・ニセ情報が広がっています。「この薬こそ新型コロナの特効薬」、「〇〇さえ食べればコロナは防げる」などなど。一見してデマとわかるものから、科学っぽい装いをしているものまでさまざまですが、信じてしまうと命まで失いかねません。そうならないためにどうしたらいいのか、本書は分かりやすく解説。

1980 円

子どもたちのために何ができるか

福島の甲状腺検査と過剰診断

高野徹、緑川早苗、大津留晶、菊池誠、児玉一八著　福島第一原子力発電所の事故がもたらした深刻な被害である県民健康調査による甲状腺がんの「過剰診断」。その最新の情報を提供し問題解決を提案。

【推薦】玄侑宗久
2200 円

原子力政策を批判し続けた科学者がメスを入れる

福島第一原発事故10年の再検証

岩井孝、児玉一八、舘野淳、野口邦和著　福島第一原発事故の発生から、2021 年 3 月で 10 年。チェルノブイリ事故以前から過酷事故と放射線被曝のリスクを問い続けた専門家が、健康被害、避難、廃炉、廃棄物処理など残された課題を解明する

【推薦】安斎育郎、池田香代子、伊東達也、齋藤紀

1980 円